激光诱导空泡空化强化
理论与技术

任旭东　袁寿其　著

科学出版社

北　京

内 容 简 介

　　激光空化强化技术是一种新型的材料表面改性处理技术。本书详细阐述激光诱导空泡空化强化并抑制空蚀的理论和技术。在总结激光空化强化技术的理论、应用和发展成果的基础上，较系统地阐述激光诱导空泡及空化强化的基本理论，研究激光诱导水下空泡的冲击波力学效应，分析激光空化的机械效应和化学效应，给出各种材料在激光空化强化的表面形貌、残余应力、抗空蚀性能等，充分反映激光诱导空泡空化强化技术的先进性与实用性。本书还给出诸多具体的应用实例，具有较好的可读性和借鉴性。

　　本书适用于高等院校相关专业的大学生、研究生和教师，也适用于从事流体机械、水力机械、空化空蚀、材料加工、激光加工的技术人员、推广应用人员和研究人员。

图书在版编目(CIP)数据

激光诱导空泡空化强化理论与技术/任旭东，袁寿其著. —北京: 科学出版社, 2017. 12
　ISBN 978-7-03-055545-8
　I. ①激…　II. ①任…②袁…　III. ①空化–激光–光诱导　IV. ①TV131.2
　中国版本图书馆 CIP 数据核字 (2017) 第 287685 号

责任编辑: 惠　雪　曾佳佳/责任校对: 彭　涛
责任印制: 赵　博/封面设计: 许　瑞

科学出版社 出版
北京东黄城根北街 16 号
邮政编码: 100717
http://www.sciencep.com

北京厚诚则铭印刷科技有限公司印刷
科学出版社发行　各地新华书店经销
*
2017 年 12 月第 一 版　开本: 720×1000　1/16
2024 年 6 月第二次印刷　印张: 13
字数: 260 000
定价: **99.00 元**
(如有印装质量问题, 我社负责调换)

前　言

空化问题一直是水力机械领域研究的核心问题，也是众多流体工程领域关键技术的核心问题。空化对于水力机械的危害主要在于：改变液体的水动力作用，降低水力机械性能；产生空蚀，损坏转轮表面；辐射空化噪声，引起振动和噪声。正是因为空化空蚀现象带来了较大的不良影响和后果，因此一直是人们研究的热点问题。空泡现象是伴随激光击穿液态物质时产生的物理现象之一。激光空泡产生原理为：激光聚焦于水中，击穿水形成等离子体，激光聚焦区压力急剧上升并对外膨胀，从而导致泡内压力急剧下降，形成具有与螺旋桨空化空泡相似的空泡，激光空泡在固壁面附近溃灭时将产生冲击波和射流，并具有脉动特性，即膨胀—压缩—膨胀过程。研究并抑制空化产生的空蚀问题一直是水力机械设计和制造领域非常重视的问题，也是提高水力机械性能必须考虑的重要因素。激光空化强化技术是一种对材料性能进行改性的全新技术和解决水利机械空蚀问题的全新手段，其理论和应用研究对于水利机械、激光技术等领域具有重要的现实意义。本书阐述了激光空化强化技术的理论、应用和发展，系统地研究激光空泡的冲击波力学效应对材料表面的加工和改性，获得抗空蚀性与耐腐蚀性较好的材料表面，解决了空化空蚀机理复杂、解决方法传统、危害大的突出问题，具有很重要的科学意义与广阔的工程应用前景。

全书共 8 章，第 1 章是全书的铺垫，主要是对空化和空蚀现象进行介绍。区分了空化与沸腾现象，指出液体中存在大量空化核是空化发生的一个必要条件，造成空蚀现象的原因有两种：一种是空泡溃灭冲击波作用，另一种是空泡溃灭过程中微射流作用。此外，介绍了空化初生和空化数的意义，提出利用激光空化的能量效应对材料进行强化的新思路。

第 2 章，介绍了激光击穿液态物质和等离子体冲击波在水中的传播特性，提出利用激光空化诱导产生空泡以及空泡溃灭对材料进行强化的新方法，简称为激光空化强化；之后介绍球形空泡惯性生长、溃灭和回弹过程，讨论了含气量、表面张力、液态黏性和可压缩性对空泡溃灭压力的影响；最后，介绍近壁面附近空泡的脉动作用，空泡在溃灭阶段等温过程和绝热过程的冲击波压力数值计算，结合国内外学者的研究成果阐述空泡在强化材料过程中的微射流强化机理和冲击波强化机理。

第 3 章，主要在激光诱导水下空化泡的基础上利用水听器探测所产生冲击波声压信号，并根据声压信号，将电信号换算成力信号，由此定量地测量作用在靶材表面上的力学效应，并将该数值与材料的屈服强度进行对比，以此分析在此条件下的激光空化是否对材料起到了空化强化作用。同时从激光能量的角度出发，探究激光参数与作用在靶材表面上的力学效应的关系，进而根据靶材本身屈服强度的对比得出其强化规律，为进一步研究激光诱导空泡的强化机制提供实验数据上的参考。

第 4 章，从单一激光空化泡入手，采用数值模拟法来研究空化泡动力学特性及其对材料表面产生的强化作用。仿真模拟空泡在固壁面附近的膨胀、脉动和溃灭过程，采用 FLUENT 软件中的 VOF 多相流模型和全空化模型来获取空泡整个脉动过程气液两相分界面的动态变化序列图，并通过求解质量连续方程、Navier-Stokes 方程和界面方程来研究空泡溃灭时产生的微射流现象，探究微射流的产生机理。

第 5 章，从激光空化的机械效应和化学效应两方面作为切入点，实验探索激光能量对于靶材性能的影响，分析了激光空化对于羟自由基含量的影响，通过检测羟自由基含量间接探究羟自由基含量与 2A02 铝合金表面残余应力值之间的关系，提供了另外一种表征材料空化强化效果的途径。

第 6 章，通过对比空化前后 2A02 铝合金近壁面组织和力学性能的差异，进一步验证激光诱导空泡对材料的强化理论及其机制的有效性和可行性。在水、乙醇、硅油三种不同液体中，利用激光在 2A02 铝合金靶材近壁面产生空泡，描述并分析激光空泡在靶材壁面附近的整个脉动过程。通过对比不同液体、不同激光能量和泡壁距离靶材的表面形貌，分析空泡溃灭时的射流和冲击波对于靶材表面的作用机制，将残余应力实验值与仿真射流压力对比，分析不同液体中激光空化对 2A02 铝合金表面作用机制。

第 7 章，介绍激光空化强化对金属材料抗空蚀性能的影响，分析铸铁和铝合金两种材料的抗空蚀性能，采用激光空化与超声波空蚀实验相结合，对比分析激光空化作用前后区域的力学性能和微观形貌变化趋势，阐述激光空化作用下材料抗空蚀机理，同时为材料抗空蚀性能实验的探讨提供较为完全的理论依据。

第 8 章，介绍用于激光空化强化的激光器系统，再介绍了几套利用激光诱导空化强化技术的强化装备及技术原理，通过改变激光能量以及空泡产生的位置，控制冲击波传播速度和微射流冲击力大小，实现激光空化强化材料表面性能的自动化和高效率空化强化的目的。

本书的研究工作得到了国家自然科学基金项目 (No. 51479082, 51239005, 5140-5200)、水利部科技推广计划项目 (TG1521) 的资助，特此向支持和关心作者研究工作的所有单位和个人表示衷心的感谢，感谢出版社为本书出版付出的辛勤劳动。作者还要感谢张洪峰、罗春晖、王杰、佟艳群、李祥、石佑敏等为本书付出的辛勤劳动。书中有部分内容参考了有关单位或个人的研究成果，均已在参考文献中标出，在此一并致谢。

作　者

2017 年 9 月

目　　录

第 1 章 空 化 简 介

1.1 概　述

空化指的是当液体内部局部温度高于常压下饱和蒸气温度或者液体内部局部压力降低时,固液交界面会产生空穴,该空穴随着液体流动,将经历形成、发展和溃灭三个阶段。空化一般认为是液体中局部区域压强低于一个常温下约为零的正值,从而破坏液体流动的连续性,随后出现一系列充满溶于液体的气体或液体蒸气小气泡的流体特有的物理现象。液流中空化现象的进程大致可以分为三个阶段:空化初生阶段,此时液体中出现单个分散的空泡,并以游移空泡的形态随流体移动;空化发展阶段,在固壁面附近会造成局部层状空化,同时许多空泡在其后端聚集生成云状的空化现象;空化完全阶段,空泡不断向固体后部区域运动,其尺寸大于固体的尺寸,发展为超空泡形态。本章主要介绍了水力机械上由于空化而引起的空蚀现象以及造成空蚀现象的原因,对空化内涵进行介绍并分类。简要介绍了不同类型的空化核模型,并对空化核运动平衡和气核悖理进行了讨论。此外,介绍了空化初生和空化数的概念,以及空化的能量效应,最近的一些研究开始逐步把研究方向转移到对于空化能量的利用,即利用空化产生的能量,来强化一些物理、化学过程,并提出利用激光诱导产生的空泡对材料强化的新思路和方法。

1.2　空化与空蚀

空化现象最早于 1753 年被 Euler[1]观察到,当水管中局部压强降低至某值时,水中会产生真空区域,并第一次提出了空化现象。19 世纪 90 年代,研究学者 Barnaby 和 Berkowitz[2]在调查蒸汽机船上效率降低的螺旋桨工况后,阐明了 "空化" 的观点,建立了该领域第一个实验型水洞,通过闪频观察器成功地观测到了空化现象,并提出空化现象可能发生在固体与液体间相对高速运动的区域。100 多年前,当英国研制的驱逐舰下水实验时,发现螺旋桨推进器在水中会产生很明显的振动,由于当时科研水平有限,一直不清楚具体原因,Thornycroft 等[3] 研究表明,推进器在水下运行时,会造成水中局部区域水压降低,产生大量的气泡,气泡在水压的作用下会产生周期性的膨胀收缩,最终破灭,而振动就是由气泡的破灭造成的,这是历史上第一次对空化现象做出合理的解释。随着水上航运技术的发展,越来越多的水力机械得到发展，由空化空蚀现象导致的水力机械受损成为亟待解决的问题，关于空化的科学研究也变得日益重要。目前空化产生的机理、空泡的脉动等方面都已经有了较深入的研究。

随着对空化问题研究的深入，人们开始探究造成液流中局部压强降低的原因。目前，这方面的研究主要集中于超声波空化和水力空化。

超声波空化是指将声信号作用于液流中，与液流场间产生的一种非线性效应。声信号作用于液流中，液流中的微颗粒即空化核被声波激活，随着声信号的加强或减弱，空化核表现为振荡、初生、长大、收缩以及溃灭等一系列过程。超声波空化中存在着多相流、空泡群等复杂的物理现象，已成为目前空化领域十分重要的基础性研究。同时，也由于超声波空化的动力学和热力学特点，被广泛应用于水力机械、水中兵器、微生物处理及医疗中。计时鸣等[4] 分析气泡溃灭在推动磨粒改变其动能时所起的增强湍流效果的作用，在此基础上搭建了超声辅助磨粒流实验装置。吴书安等[5] 对抛光后的 6061 铝进行超声振动空蚀实验，发现材料表面粗糙度和硬度随着空蚀时间的增大而增大，在超声振幅为 10.8μm 时达到最大空蚀效果。何洪波等[6] 利用超声空化产生特殊的物理化学环境来强化化学键的生成，同时实现半导体从无定形态到固定晶型转变，采用超声辅助共沉淀法制备了长为 0.2~1μm、直径为 20~30 nm 的 Ag_2S/Ag_2WO_4 微米棒复合光催化剂。陈思忠[7] 利用超声波空化过程中空泡溃灭产生的热点效应，减弱污垢与清洁件之间的黏着力，将超声空化应用于机械清洁领域；于凤文等[8] 利用超声空化过程中的热点效应，改变化学催化剂的结构，增强其化学活性，加快了化学反应的进行。但是，超声空化的最大弊端是难以实现工业化，于是人们开始研究另一种产生空化的方法，即水力空化[9]。

水力空化是指流体流经限速区域 (如文丘里管、几何孔板)，由于流体压强的降低，在液流中的空化核附近产生压降，当压力继续降低到低于液流在常温下的蒸气压时，空化核开始膨胀，液流中气体随之释放，液流的汽化以及空化核的膨胀，形成了大量的空化泡；随着液流的流动，空化泡随之流动，当遇到液流中压强较大的区域时，空化泡的体积会发生急剧的变化，并伴随着多次的 "膨胀 — 收缩" 过程，最终在空泡溃灭时，会产生局部高温高压区域。李奎等[10] 采用多孔板空化反应器处理石油污水，考察了不同入口压力、石油初始含量、温度和空化时间等影响因素对水中石油污染物去除效果的影响。黄永春等[11] 采用单因素方法研究了环境因素对撞击流–水力空化深度处理焦化废水的影响，通过响应面法优选出最佳反应环境条件，结果表明，水力空化能有效处理焦化废水。Hammitt[12] 研究了用于描述空化初生以及空化状态的参量 (空化数)，探究了空化数对于空泡群的影响，从而解释了空化中存在的白雾状即超空化现象。以上是关于水力空化的机理性研究，随着机理研究的进一步发展，水力空化技术的应用也发展到了一定的程度。Kumar 等[13] 研究了水、蓖麻油和红花油在几何孔板中发生的水力空化水解过程，证明了水力空化的高能量利用率；Pandit 等[14] 研究了水力空化中空泡破灭时能量对细胞的破坏作用，对空泡破灭用于微生物有机污水的降解进行了原理性研究。水力空化在废水处理方面也发挥着重要的作用，反应装置简单、运行和管理费用低、大规模化投入运行相对容易、空化装置经济，但目前实验研究的规模较小，主要在实验室进行小型的试验，存在着空化器放大的问题等。

自激光诱导产生空泡的新方法出现之后，空泡研究得到了长足的发展。当激光聚焦液体中，聚焦点激光功率密度达到或超过液体的击穿阈值时，由于激光的高能辐射产生高温等离子体，等离子体以超声速膨胀，产生高压波前，击穿区域腔体内的液体蒸气因膨胀使腔体温度降低，从而使等离子腔体膨胀速度锐减，高压波前与腔体脱离。此时，在液体内部形成空腔，即空泡，空泡将在液体静压力及腔体内部压力的共同作用下进行脉动运动。Yang 等[15] 研究了不同空泡半径和泡心到壁面距离下空泡的非对称溃灭以及微射流现象。Orthaber 等[16] 使用高速摄像机拍摄了激光诱导空泡在弹性薄膜附近的运动和薄膜破裂的形态。Ren 等[17] 使用水听器检测了空泡释放的冲击波，通过改变不同的无量纲参数研究激光空化强化机制。Koch 等[18] 使用 OpenFOAM 开源软件结合 FVM 方法模拟了近壁面激光诱导空泡冲击波释放和空泡溃灭过程，并与实验结果进行对比。Chen 等[19] 使用激光诱导空泡对铝箔进行冲击成形，发现冲击波对成形的影响大于微射流的冲击作用。采用激光击穿水介质带来的空泡效应研究空化问题，实验条件较简单，产生的空化泡球对称性好，可用数值方法求解，且空泡的运动过程易通过激光参数进行时间的控制和过程的测量，因此研究激光空泡对揭示空化与空蚀机理，防止空化和空蚀的发生，减轻空化的危害有重要的意义。

空化过程产生的气泡会经过初生、发育和溃灭的不恒定过程，当空泡溃灭时，伴随着很大的瞬间冲击力，若气泡的破裂发生在固壁面附近，固壁面在气泡破灭产生的冲击波的反复作用下被破坏，此现象被称为空蚀 (cavitation damage) 现象。目前有很多水力机械由于受到空蚀而受到破坏的例子：2000 年，三峡电站的水轮机上发生了明显的空蚀现象；2006 年，美国胡佛大坝出现了空蚀现象。图 1.1 所示为几种典型的水力机械出现的空蚀损伤图[20]。

空化引起的空蚀现象一直都是水力机械领域备受关注的焦点。空化空蚀现象对水力设备过流部件的危害大致表现为以下几个方面：扰乱流体的连续性，降低水力性能；破坏叶片表面形貌，降低其表面的光洁程度；形成辐射空化噪声，加剧水力机械工作时的振动问题，并造成噪声污染。图 1.2 为南水北调工程某水利枢纽大型水轮机叶毂和叶壳空蚀损伤图，图 1.2(a) 中圈出的部分是水轮机叶毂长时间运行后的空蚀情况，水轮机运行过程中形成的空泡不断溃灭，对水轮机轮毂造成冲击，由于局部区域形成的瞬时冲击力非常大，所以会形成永久损伤，在长时间工作后，水轮机的叶毂开始出现缺口，表面也变得凹凸不平。图 1.2(b) 中虚线框标识区

域为超高强度不锈钢镀层，而其他区域则为普通材料，箭头所指区域也是空化空蚀
作用后留下的痕迹，可以清晰地看出空化引起的空蚀对叶壳表面形貌造成损伤，这
些损伤不仅严重影响水轮机的工作效率，还会大幅度降低水轮机工作的安全性能。

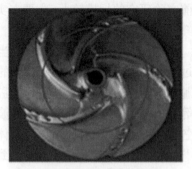

(a) 叶片上的空蚀

(b) 水泵螺旋桨叶片尾部空蚀

(c) 控制阀下缘的空蚀

(d) 管道内壁的空蚀

图 1.1 水力机械的空蚀现象[20]

(a) 水轮机叶毂空蚀情况

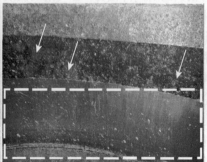

(b) 水轮机叶壳空蚀情况

图 1.2 大型水轮机叶毂和叶壳空蚀损伤图[20]

随着水力机械的发展，空化问题越来越多地出现在日常生活中，该问题已经严

重困扰到了水力机械的发展，正因如此，空化空蚀问题成为当今的热点之一[21]。

对于空蚀，普遍认为是由于空泡溃灭时的机械作用导致的。实际上，无论什么液体 (甚至惰性、金属液体)，在动力的驱动下，作用于任何固体 (包括强度高、硬度高的) 都会产生空蚀破坏。目前针对空蚀破坏的机理有两种理论能够被人们普遍认可，同时也能得到实验验证。其中一种理论认为空泡在溃灭时，空泡的中心会辐射出冲击波，而当空泡靠近壁面时，辐射的冲击波压力就能够直接作用在壁面上，形成空蚀破坏。图 1.3 为游移空泡溃灭图[22]，空泡随液体流动至压力较高的部分，此时的压力大于空泡自身的汽化压力，于是空泡开始汽化溃灭，并辐射出压力冲击波，压力冲击波成球状向外扩散。此时，空泡溃灭点距离壁面较远，辐射的压力冲击波不足以对壁面产生破坏。事实上，仅仅是极小部分空泡能流动到壁面附近发生溃灭，造成空蚀破坏。

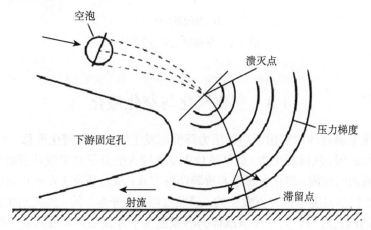

图 1.3　游移空泡溃灭图[22]

另一种理论认为空泡在溃灭时，空泡会产生微射流作用在壁面上。当空泡在溃灭时发生变形，而变形的程度与压力的梯度以及到边界面的距离有关，具体为当压力梯度增加时空泡的变形量大，而到边界距离越大空泡的变形量越小。当空泡变形时，空泡会凹陷，此时射流会逐渐穿透空泡作用在壁面上，而当空泡位于壁面附近时，射流就能够直接作用在壁面上。图 1.4 所示为空泡射流形成的三种不同类型[22]。图 1.4(a) 空泡开始时就依附在壁面上，由于空泡上下压力差的存在，空泡的中间开始形成凹坑并分裂成两个更小的空泡，射流从两个空泡间形成并作用于壁面。图 1.4(b) 中的空泡处于流场中，空泡两侧存在压力差，压力高的区域空泡壁被挤压变形、凹陷，最后形成射流穿透空泡。图 1.4(c) 是靠近壁面的空泡，开始时空泡远离壁面的那一侧被拉平，进而空泡逐渐凹陷成圆环形，随着空泡的进一步形变，最后形成了指向壁面的微射流。

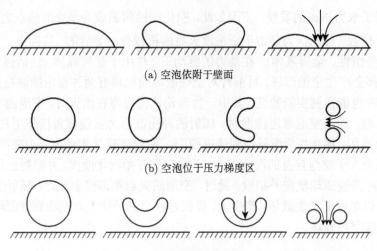

(a) 空泡依附于壁面

(b) 空泡位于压力梯度区

(c) 空泡靠近壁面

图 1.4　空泡溃灭示意图[22]

1.3　空化汽化与空化液化

空化是常温液体内部由于局部压力降低而发生的汽化和液化现象。而气/液相变中的汽化过程，从微观上讲，就是液体中动能较大的分子克服液体表面分子的引力而逸出液面的过程。汽化有蒸发和沸腾两种方式：蒸发是发生在液体表面的汽化过程，是在任何温度下都可以发生的，蒸发过程是"平静"的；沸腾是在整个液体内部发生的汽化过程，只有在该液体的沸点温度下才发生，其过程是"剧烈"的。提高温度，减小外界的束缚 (如压力) 等都能促使汽化过程的发展。

汽化的逆过程是液化过程，即气体分子相互吸引碰撞而凝结成液体的过程。汽化和液化是气/液相变中两种相反的过程。而空化这一类气/液相变，既包含汽化过程，又包含液化过程，前者对应于空化初生，后者对应于空泡溃灭。

空化的汽化过程 (空化初生) 是突然而不剧烈的，液化过程 (空泡溃灭) 是既突然而又猛烈的。空化的汽化过程 (空化初生) 与蒸发、沸腾之不同见表 1.1。

表 1.1　空化的汽化过程 (空化初生) 与蒸发、沸腾过程对比[23]

项目	蒸发	沸腾	空化初生
发生部位	自由表面	液体内部	液体内部
发生范围	整个自由表面	整个液体内部	液体内部的局部区域
发生温度	任何温度	沸点	常温
发生过程	平静的	剧烈的	突然但不剧烈的
动力因素	温度或压力	温度	压力

空化初生与蒸发的主要不同是空化只发生在液体内部的气/液表面上，而不是液面上。液体中大大小小的气泡形成了液体内部的气/液表面，空化这一类气/液相变就在气泡的表面上发生。按平衡理论 (图 1.5)，可表示为[23]

$$p_g + p_v = p + \frac{2\tau}{R} \tag{1.1}$$

$$p_g = p_{g0} \left(\frac{R_0}{R} \right)^3 \tag{1.2}$$

$$p_v = p_v (T) \tag{1.3}$$

式 (1.1)~ 式 (1.3) 联立可得到如图 1.6 所示的 $p = p(T)$ 曲线，R_c 为临界半径，在 $R = R_c$ 的左边，对于液体内部的气泡来讲，是稳定平衡；在 $R = R_c$ 的右边，是非稳定平衡，即液体内部的气泡得以自发生长，决定关键作用的量就是 $p_v = \text{const}$(常数)。所以空化初生这一种汽化，不是在任何外界条件下都能发生的，仅仅当作用于此液体内部的气泡的外界压力降低到此气泡的临界压力以下时才会发生，因此空化初生是突发的而不是平静的，空化初生只发生在该气/液界面 (气泡泡壁) 的局部液体中而不是发生在整个自由表面的液体中[23]。

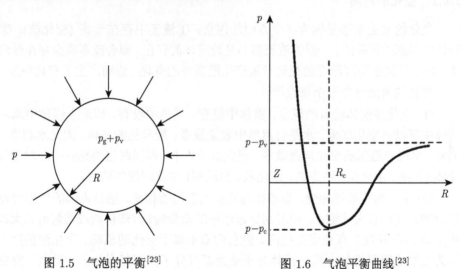

图 1.5　气泡的平衡[23]　　　　　图 1.6　气泡平衡曲线[23]

临界压力和临界半径的值，既与气泡的初始尺寸 R_0 有关，又与泡内气体的初始压力 p_{g0} 有关，与液体的物理特征如表面张力系数 τ、饱和蒸气压力 p_v 有关，也间接地与液体的温度有关。对于常温下的水来说，水中的空化与水中气核的尺度密切相关。而对于蒸发来说，此气核的尺度为无穷大，$R \to \infty$，于是式 (1.1) 就直接退化为 $p = p_v$。所以气核尺度不同是空化初生区别于蒸发的根本特点。事实上，气

核尺度 R 的大小不仅影响空化这一类相变的临界压力，也影响该气核周围液体的饱和蒸气压大小。

　　空化在常温下就能发生，而沸腾只在沸点温度下才发生，这是空化与沸腾的主要不同。沸腾的动力因素是温度，温度越高，液体分子的平均动能就越大，冲出液体表面而变为气体分子的概率就越大。液体分子的平均动能的增大是就整个液体而言的。从宏观上讲，热量要传递，温度要趋于均匀，所以"整块液体"会在短时间内同时沸腾；空化的动力因素是流体的运动，外界压力降低，虽然液体分子的平均动能没有改变，但冲出气/液界面而变为气体分子的概率增高了。外界压力的降低可以是整体的，也可以是局部的，但如果液体的外界压力降低到该液体的饱和蒸气压附近，一般只是对局部范围而言的，且对于运动着的液体来说，压力总不会是均匀的，有着其自身的压力分布规律，所以空化只能在局部液体中发生。外界压力场的作用是空化初生区别于沸腾的根本点[23]。

1.4 空化内涵与分类

1.4.1 空化的内涵

　　空化的发生主要是因为两个方面的因素：①液流中存在气核 (空化核)；②液流体中局部压强降低。一般的液流都不是纯液体的存在，都会或多或少存在微粒杂质，由于液流中局部压强的变化导致空化泡直径的变化，进而产生了空化现象。

　　空化的内涵包含五个要点[23]：

　　(1) 空化是液体特有的现象。固体中没有，气体中没有，但液态固体中或液化气体中可以有空化现象。水是自然界中数量最多、最常见的液体，因此水利界、造船界、水机界遇到的空化问题最多，研究也最集中，但同时也要充分关注对于其他流体 (如油、液化氢、液态钠、液化氧、血液等) 空化问题的研究。

　　(2) 空化的本质是相变，是液体与其蒸气之间的相变。液体内部的气泡因外界压力的改变而长大或缩小，或者因通过泡壁的质量输运 (即扩散或溶解而长大或缩小)，这些在外观上有点像空化泡，但它们都不属于空化的范畴。空化泡的产生是因为在空泡壁附近的一薄层液体分子变为蒸气分子而突然发生的，类似于突变的现象；空化泡的消失是由于泡内的蒸气分子穿过泡壁重新变为液体分子而形成的，是一种颇为猛烈的过程。

　　(3) 空化的动力因素是流体动力学参量的作用。这主要是区别于另一类液体与其蒸气之间的相变即沸腾而言的，后者的动力因素是热力学参量的作用。流体动力学参量作用，主要是指液体流动而产生的在局部液体周围静压的变化。

　　(4) 空化是在液体内部局部范围内发生的现象。蒸发也是一种液体与蒸气之间的相变，且可以在任何温度下发生，即不是因热力学因素作用而发生的。但是，蒸发只发生在整个液体表面上，而空化却发生在液体内部的液/气界面上，且随界面附近的液体静压不同而一部分发生，另一部分不发生，是液体内部局部区域的现象。

(5) 空化是一种现象、一个过程。空化只有在液体中才会出现，并且是在不断发展变化过程中的一种现象。国内水利界、机械界曾流行的术语是汽蚀，但汽蚀是指空化对材料的破坏，仅是空化溃灭的一种后果；国内造船界流行的术语是空泡，但空泡是指空化过程中肉眼可见的一个实体，缺少从空化泡的发生、发展一直到溃灭的这样一个"化"字的含义。

1.4.2 空化的分类

广义的空化应该包括以下几项[23]：

(1) 水力空化。当流体流过一个限流区域 (如几何孔板、文丘里管等) 时产生压降，如果压力降至蒸气压甚至负压时，溶解在流体中的气体会释放出来，同时流体汽化而产生大量空化泡，空泡在随流体进一步流动的过程中，遇到周围的压力增大时，体积将急剧缩小直至溃灭，这类现象称为水力空化。水力空化通常发生在水力机械中。

(2) 振荡型空化。因液体中有一系列连续的高频高幅压力脉动而产生的空化，称为振荡型空化。

(3) 声致空化。由声传感器或声波发生器发出的声束聚焦而形成驻波所产生的空化，称为超声空化，也称声致空化。

(4) 光致空化。用激光给液体的局部输入集中能量而激发的空化称为光致空化。在空化研究中，经常用它来制造孤立的单个空化泡。光致空化和声致空化也可以统称为能激空化。

(5) 非相变型空化。液体内部的气泡因外界压力的改变而长大或缩小，或者因通过泡壁的质量输运，液体中的溶解气体向泡内扩散而使气泡长大或气泡内的气体穿过泡壁变成液体中的溶解气体而使气泡缩小，这类空化俗称为"伪空化"。因某些工程的需要而人工向固、液边界通入气体所形成的气泡，称为通气空泡，这个过程和其后在气泡壁上发生的少量气/液相变过程称为"通气空化"。"通气空化"和"伪空化"都属于非相变型空化。

美国 Hammitt 教授[12] 综合考虑了发生空化的条件、空穴区的结构及水动力特性诸因素，把空化分成游移型、固定型、漩涡型和振荡型空化四类。目前引用这种分类方法的较多，下面对这四类空化做进一步的解释。

1) 游移型空化

它是一种在水中形成的单个的随水流一起运动的不稳定空泡 (或空穴)，在它的发展过程中，会形成若干次扩大、收缩的过程，最后溃灭消失。这种游移的、不稳定的空泡可以在固体边界附近、水体内部的低压区、漩涡核心或紊动剪切的高紊动区域内出现。肉眼可见游移型空化呈球泡型，这些空泡随水流一起运动；当其流经低压区时，尺寸增大；当其运动到压强较高的区域时，会迅速形成收缩、膨胀、再收缩的振荡过程，最终溃灭。在这个过程中，水流会产生强烈的脉动。

2) 固定型空化

固定型空化发生在初生空化的临界状态以后。当水流从绕流物体或过流通道的固体边壁面上脱流，在壁面上形成肉眼看来似乎不动而实际上是随时变动的不稳定空穴。空腔的内表面有时是光滑的，大多数情况下则具有强烈紊动的表面。在这个内表面上常常有许多小的、直径几乎不变的游移型空泡，这些游移型空泡沿固定型空穴内表面移动直到其尾部溃灭消失。固定型空化有时经过发育成长后，可自尾部逆流回充，形成固定型空穴的溃灭，产生周期性循环过程。固定型空化的最大长度与水体的压力场分布有关。

要特别指出的是，固定型空化是发生在边壁上压强近于蒸气压强 (或临界抗拉强度) 处，由于该处发生局部空化使流体脱流而形成了固定型空化的空腔。面边界层分离一般则是发生在逆压力梯度范围内，在分离点处的壁面流速梯度$(\partial u_x/\partial y)_{y-d}$ = 0，该点压强并不一定需要降低到蒸气压强以下。这两种情况水流都形成脱体，但原因不同。

3) 漩涡型空化

漩涡型空化在船舶工程中是十分常见的。在螺旋桨叶梢附近的梢涡 (即梢涡空化) 中，在螺旋桨的毂涡空化中，在与导管的二次流动有关的漩涡流中，在水翼和支架交界面的漩涡中均常出现此种空化。由于这些部位漩涡核心中的压强最低，而且漩涡使卷入涡心的气核可以较长时间处于低压区，所以在漩涡中心可以首先形成空化，显然，漩涡空化的空化特性与漩涡的强度密切相关。

4) 振荡型空化

振荡型空化或称无主流空化，其特点是一般发生在不流动的水体中，水体可经受多次空化循环过程。在振荡空化中，造成空穴生成和溃灭的作用力是水体所受的一系列连续的高频压强脉动，这种高频压强脉动可以由潜没在水体中的物体表面振动形成 (如磁致振荡仪)，也可以由专门设计的传感器造成。这种高频振动的振幅应足够大，以使局部水体中的压强低于蒸气压强，否则不会形成空化。

1.5 空化核与空化数

1.5.1 空化核

什么是空化核呢？参照热力学中的凝结核，尘埃颗粒、极性分子、带电离子、表面活性物质等都可能是, 且空化核中必须包含永久气体, 即在常温下不能液化而凝结的气体。既然空化核中必须含气体, 那么自然联想到液体中的游离气泡就是空化核了。事实上, 整个泡动力学与空化初生的计算, 都是以气核的生长、失稳为基点的, 空化核有 "惰性核" 和 "活跃核" 之分, 前者对空化几乎没有什么贡献, 如铁锈粉、油漆片等悬浮颗粒; 后者对空化起重要作用, 如游离气泡。所以气核才是空化实验测量的主要对象。

在均质的液体内部要发生空化, 首先必须使液体 "断裂", 扯断液体所需的力当然不是以蒸气压力来度量的, 而应该以该温度下液体的抗拉强度来度量。所以, 从机械力学的观点来看, 空化初生问题又可以看为求抗拉强度的问题。一百多年来, 很多人做了液体抗拉强度的实验测量和理论估计, 所得的理论值大致在 $-1400\sim -132\text{MPa}$, 所得的实验值大致在 $-280\sim -1.3\text{MPa}$。这与我们所熟知的生活事实 —— 液体加热到沸点就会沸腾, 减压到饱和蒸气压就会空化相差甚远, 譬如 20℃ 水的 $p_{\text{v}} = +0.0024\text{MPa}$。可以设想, 与纯净液体不同, 在真实液体中必定存在某些薄弱环节, 正是这些薄弱环节使真实液体不能抵抗任何张力, 当液体的压力降低到某一值时, 相变首先从这些薄弱环节处发生, 也首先在这些部位发生空化。我们称这些薄弱环节是 "空化核"。可见, 空化核的存在是液体空化的先决条件, 空化核的状态是度量液体空化难易程度的标志[23]。

一个界面稳定的泡内外压力平衡[23] (图 1.7):

$$p_{\text{g}}+p_{\text{v}} = p_{\text{l}}+\frac{2\tau}{R} \tag{1.4}$$

式中: p_{g} 和 p_{v} 分别为泡内气体压力和蒸气的分压强; p_{l} 为泡外液体压力; R 为气泡半径; τ 为液体表面张力系数。假设泡内永久气体服从理想气体定律 $p_{\text{g}} = A/R^3$, 代入式 (1.4), 可得[23]

$$\begin{cases} R^*=\sqrt{\dfrac{3A}{2\tau}} \\ (p_{\text{l}}-p_{\text{v}})^* = -\dfrac{4\tau}{3R^*} \end{cases} \tag{1.5}$$

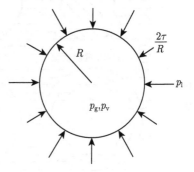

图 1.7 气泡的静平衡[23]

式中: 含 "*" 的参量是对应气泡自发生长的临界参量。

1.5.2 运动平衡与气核悖理

Fox 和 Herzfeld[24] 认为液流中之所以会存在稳定的气核而不会衰减, 是因为液流中存在一定的 "寄生基质", 这种物质产生一种有机薄膜, 使空化核不会溶解, 但是这一假设没有得到实验的支撑。以上的研究侧重于空化核的存在问题。早在

1950 年，Epstein 和 Plesset[25] 就已经证明了，游离气泡在静止液体中不能稳定存在，它们或在浮力作用下上浮并从自由液面逃逸，或在表面张力作用下逐渐溶解。如 $R = 10\mu m$ 的空气泡，仅 5.6s 就完全溶解于 22% 的饱和水中；$R = 100\mu m$ 的空气泡虽需要 1.5h 才能完全溶解，但在浮力作用下却以 1.5cm/s 的速率上浮，也很快消失。因此，存在一个矛盾，一方面是空化泡不能稳定存在，另一方面是整个空化理论和实验都是以空化泡气核存在为出发点，这就是气核悖理。

　　其实人们早就注意到了这个矛盾，并设想各种各样的空化模型来回避这一矛盾。例如，1944 年，著名的悬浮固粒缝隙中有寄生气体的 Harvay 模型[26]（图 1.8(a)），在 Fox 模型 (图 1.8(b)) 基础上发展起来的弹性介质膜模型 (图 1.8(c))、电离层模型 (图 1.8(d))。1982 年，Yount[27] 提出可变渗透性膜模型 (图 1.8(e))，1977 年，Mori[28] 提出的液滴模型 (图 1.8(f))，以及 1981 年美籍华人 Cha[29] 提出的热力学模型 (图 1.8(g)) 等。Mori 等研究发现将可溶解于水中的气体注入水中，当气体溶解饱和后，水中会产生不溶于水的气泡，并最终以平衡的方式存在下来。Yount 研究发现当液体被活性有机薄膜包裹时，由于有机薄膜对气体的不完全穿透性，能够在一定的

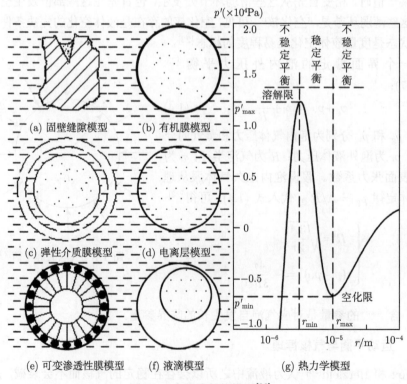

图 1.8　空化泡气核模型[26]

程度上抑制气体的注入，并维持气泡大小，保持气泡稳定。但高川真一指出，这个模型对血液或生物组织也许有效，但如何解释自然界水中的情况仍是一个疑问，因为自来水或者海水中不具备形成弹性有机膜的条件。Cha 发现在气液混合的情况下，不考虑重力因素的影响，在液体介质中存在小尺寸气泡，并且能够稳定持续存在于液体中，但这一结论存在很大的局限性，只有当且仅当体积因素保持固定的情况下，才能成立。因此这一点还有争议。

以上各种空化核模型都没有脱离一个基本的框架——首先承认游离气泡不能稳定存在，然后寻找一种力学和热力学平衡机制使它能够稳定存在。只看到气核在自然界中因运动而消失的一面，看不到气核因运动而产生的一面，这可能是产生气核悖理的根源。其实，在江河湖海中，气核是十分丰富的。风浪的作用，近水面漩涡的作用，水中微生物的作用等都是自然界水域中产生气核的原因。在水洞、减压箱等实验设备的水流中，水中的溶解气体在低压区因局部过饱和而不断转化为游离气体，形成大小不同的气核。在静水中，溶解气体与游离气体也是在不断地相互转化的，在一定的外界条件下达到相应的动态平衡值。但是由于自由表面的存在，静水中的气核数量要少得多。总之，承认运动和平衡的观点，气核悖理就不复存在。

1.5.3 空化初生和空化数

空化初生指的是当流体中局部区域第一次产生微小空穴时的临界状态，空穴的出现可通过以下几种方法观测到[30]：①目测法，通过肉眼观察空化实验开始时液流中的空穴；②光学法，透过光照射流场，检测光强在空化前后的变化来判断空化初生现象；③纹影法，水经过加温后，在光照下会有一定的纹影，当产生空泡的时候，纹影会发生相应的变化，从而表征空化初生现象；④高速摄像法，通过高速摄像仪系统直接拍摄出空化全过程，从空化初生到最后的破灭过程，都可以直观明了地观察到；⑤水听器法，空化初生时会产生大量的噪声，通过水听器检测水下的噪声，根据噪声的变化来判断空化初生。目前，一般使用噪声法和高速摄像法来观察空泡初生，随着科学技术的发展，高速摄像技术成为观测空化过程的主力方向。

空化的发展可分为以下三个阶段[30]。

初始空化：当液流中某处压强由于某些因素低至空化初生的临界压强时，液流中出现了一系列的气泡。

附体空化：当液流中的水压继续下降时，低压区域的影响变得更大，空化作用的区域也随之变大，这时空泡贴附在绕流体上。

超空化：随着液流中的压强进一步降低，低压区的影响进一步扩大，当达到一定程度时，绕流体上贴附着的空化泡长度比绕流体的长度更长，形成的尾流趋于稳定不变，从附体空化状态进入超空化状态。

空化数是描述空化初生和空化状态的一个重要参数。当流场内的最低压力达到空泡不稳定的临界压力时，空化现象就会首先在该处发生，这里的空化数称为空化数或初生空化数。空化数可以描述设备对空化破坏的抵抗能力，各种水力机械都有相应的 C_i，C_i 值越低，说明空化所需的压力将越大，该设备抵抗空化破坏的能力越强。

影响水中空化产生与发展的主要变量有流动边界形状、绝对压强和流速等；此外，水流黏性、表面张力、汽化特性、水中杂质、边壁表面条件和所受的压力梯度等也有一定影响，其中最基本的量为压强与流速，一般均以这两个变量为基础来建立标志空化特性的参数。

对绕流物体而言，由于物体与水流间的相对运动，物体上各处的压强会有所不同，为了标志物体上的压强分布特性，通常利用下式表示压强系数[31]：

$$C_p = \frac{p - p_0}{\rho v_0^2 / 2} \tag{1.6}$$

式中：C_p 为压强系数；p 为绕流物体上讨论点的压强；p_0 为未受绕流物体扰动的参考压强；ρ 为水的密度；v_0 为未受绕流物体扰动的参考流速。

物体上压强最小处 $(p = p_{\min})$ 的压强系数称为最小压强系数，即

$$C_{p\min} = \frac{p_{\min} - p_0}{\rho v_0^2 / 2} \tag{1.7}$$

一般来讲，无空化发生并忽略雷诺数的影响时，该值仅取决于物体的形状。可以用使 p_0 不变，加大 v_0，或使 v_0 不变，降低 p_0 的办法使 $p_{\min}$ 减小。这样 $p_{\min}$ 减至某一临界值时，在该压强最小处将会出现空化现象，产生空穴。如设此时空穴内的压强为 p_b，则可定义空化数为

$$\sigma = \frac{p - p_b}{\rho v_0^2 / 2} \tag{1.8}$$

通常认为空化所产生的空泡内部充满水蒸气，泡内压强应为饱和蒸气压强 p_v，而绕流物体上如果发生空化，应首先发生在压强最低点，且其值 $p_{\min}$ 应等于 p_v。此时，

$$\sigma = \frac{p_0 - p_v}{\rho v_0^2 / 2} \tag{1.9}$$

故 $\sigma = -C_{p\min}$。

空化数 σ 是无量纲数，通常用它来表示空化状态的特征，但这种表示方法并不很完善。固体与水做相对运动时，水的内部或液固交界面上的空化状态，一般可分为亚空化状态 (即没有空化的状态)、临界空化状态 (即开始出现空化的状态)、局部空化状态 (即液固交界面上或邻近水体内部出现空化的状态) 和超空化状态 (即

固体整个边界面上和靠近固体的尾端都出现空化的状态)。不同空化状态的 σ 值不一样。$p_0 - p_v$ 值越大，σ 值越大，水流越不易空化；v_0 越大，σ 值越小，水流越易空化。

空化数可以在一定条件下表示两个水流系统间空化现象的相似。也就是说，在雷诺数、韦伯数等相似的情况下，当两个水流系统的空化数相等时，则可以认为其空化现象也一样；这只是在理论上从力的对比关系上讲是对的，但实际上由于空化数本身并未包含其他影响空化的因素，故当两个水流系统间的比尺改变时，这些因素的影响所表现的程度也不同，表现出明显的 "比尺效应"，这点在应用时要予以足够的重视。

在亚空化的流场中，如使其流速不变，逐渐降低其压强 (或使压强不变，逐渐增加流速)，直到流场内开始发生可见的微小空穴，则此时为临界空化状态，或称初生空化。这个状态在研究空化现象时是很重要的，此时的水流空化数称为初生空化数，常用 σ_i 表示。当 $\sigma > \sigma_i$ 时，水流中不会发生空穴；$\sigma < \sigma_i$ 时，则水流中的空穴范围扩大。σ_i 值除了主要随流场的边界形状改变而改变外，还受水质、来流特性等因素的影响。在研究过程中发现，由于各种原因的影响，通过实验求得的同样情况下 σ_i 值比较分散，重复性较差。

随着压强继续降低 (或流速继续加大)，水流中的空穴将继续增大，形成了所谓的空穴发展期。在物体绕流情况下，如果空穴区的长度小于绕流物体的特征长度，则可称其为局部空化状态；反之则称其为超空化状态。

处于空穴发展期的空化状态，若使压强增加 (或使流速降低)，则空穴区将逐渐减小以致最后消失，空穴最终消失的临界空化状态称为消失空化。与该状态相应的空化数称为消失空化数，常用 σ_d 表示。实验中发现，在同样情况下 σ_d 值的重复性较好，故有时也用 σ_d 来标志空化的初生。σ_i 与 σ_d 一般是不相等的，这种现象称为空化残迹。

最近，杨志明等学者提出用水的抗拉强度 p_{crit} 代替 p_v 来计算空化数[32]，即

$$\sigma_i = \frac{p_0 - p_{crit}}{\rho v_0^2 / 2} \tag{1.10}$$

用上式整理实验数据，可以避免 σ_i 值分散和重复性较差的缺点。

1.6 空化效应与空化强化

1.6.1 空化的能量效应

无论是由何种方式引起的空化效应都有一个共同点，即在空化过程中都存在着空化泡的溃灭过程，空化泡溃灭时会产生被称为 "热点" 的局部高温高压作用，这样的作用会给液流带来一系列的影响：

(1) 光效应。空化泡在溃灭时能产生被肉眼观察到的光，此现象被称为声致发光 (sonoluminescence) 现象。Barber[33] 发现在仅存在一个空泡情况时，其声压平均值约为 0.1MPa，相当于单位原子面积所包含的能量。整个声致发光现象中包括 10^{11} 数量级的能量集中或扩大效应，而同样条件下同位素裂变释放的能量却仅为 0.8×10^{10}eV，由此可看出空化声致发光现象的能量巨大。

(2) 热效应。一般情况下，空化过程中伴随着空泡群，空泡群中的空泡在能量传递过程中溃灭时，由于液流壁的阻碍，气、液两相的相互作用会产生剧烈的温度变化。张小强[34] 研究超声振动外圆珩磨磨削区单空化泡动力学和溃灭温度，建立了珩磨磨削区单空化泡的溃灭温度模型，分别在水和煤油两种不同的液体中对超声空化效应发生的强度进行了实验，结果表明与超声空化相比，磨粒所形成的冲击作用较小。

(3) 机械效应。在空化泡溃灭时，会在液流中产生溃灭冲击波和空泡微射流，其会对液流产生强烈的机械搅拌效应。Hammitt[12] 运用高速摄像仪测得，在固壁面附近空泡溃灭产生的微射流速度高达 75 ~178m/s，通过水锤公式换算可知作用于材料表面的冲击力最高可达到 691MPa；通过高速摄像方法测得微射流直径可达 2~3μm，在持续的空化作用下，微射流对于靶材的作用次数可达到 100~1000 次/(s·cm²)。而冲击力作用的持续时间仅为几微秒，在如此大的动量冲击下，物体表面会产生类似于激光冲击一样的冲击效应，把对象换做目标靶材，则会达到延寿强化的效果。

(4) 活化效应。由于空化过程中热点区域的存在，水分子在极端高温高压下分子键会被打开，产生一种化学活性很强的氧化剂——羟自由基，液流中的一系列物质以及目标靶材都会与其发生化学反应，达到活化化学反应的作用。有研究表明空蚀现象的发生除了传统认为的机械效应造成的冲击破坏外，还有化学腐蚀的作用，空蚀是在两者的共同作用下加速进行的，羟自由基的强氧化性也会造成金属的氧化破坏。

1.6.2　空化强化与激光空化方法

空化现象是整个气泡从产生到溃灭的一种脉动过程，"汽化—溃灭"周期循环可以归纳为空化的基本规律。根据这样的规律，目前通过实验方法产生空化现象的手段有：水力空化、超声波空化等。以前的研究一直局限于空化效应对于材料表面的破坏，最近的一些研究开始逐步把研究方向转移到对于空化能量的利用上，即利用空化产生的能量，来强化一些物理、化学过程。孙小明等[35] 采用穿层钻孔水射流技术进行强化增透，并考察了水射流扩孔技术的强化抽采效果，结果表明水射流扩孔可有效消除激发突出的动力，为煤巷的安全、快速掘进创造了条件；李大炜[36] 利用方形孔板装置产生的空化效应，来对污水进行消毒处理，通过空化过程对化学过程的强化作用来实现对能源的清洁处理；目前的研究主要集中于利用空化的能量进行物理、化学过程的强化，但是对于材料强化改性的研究还不多见。若能对空化现象进行合理的控制，同样也可以对材料产生有益效果；Soyama 等[37] 通过高速水射流产生空化现象，并将其作用于奥氏体不锈钢表面，不仅未对材料表面造成凹坑等质量损失，还在材料上形成了残余压应力层，提高了奥氏体不锈钢的疲劳寿命。但其研究方法未能有效避免高速水射流对材料造成的影响。

激光与液体介质发生作用时也会产生空化现象。激光空化方法和其他空化方法相比，具有球对称性好、易控制及机械变形小等优点。随着激光技术的发展，激光空化泡的研究已成为空化现象研究的重要实验方法。

激光空化原理是，当激光作用于液体中时，若激光能达到液体介质的击穿阈值，液体会被击穿产生等离子闪光、声致发光等现象，同时造成击穿区域产生等离子腔体，等离子腔体继续吸收激光能量，体积加速膨胀成长为空穴，形成与水力空化中类似的空化泡，并伴随着 "膨胀—收缩—膨胀" 这样的脉动过程，经过数次循环后，最终破灭。由于激光产生的空化泡具有对称性强、无机械变形等优点，因此成为研究热点。而激光空泡溃灭时产生的高速射流和冲击波也是科学家研究和应用的重点。例如，在目前的激光手术中，不光考虑激光等离子体冲击波对于生物组织的作用，还考虑到空泡溃灭时的微射流对于生物组织的作用，提高了手术的精确度，也确保激光手术的效果达到最好；一些科学家考虑利用激光空泡溃灭的极限条件 (空泡的尺寸在剧烈压缩时，内部可形成上万摄氏度的高温和上千个大气压的高压) 来产生核聚变。可见小小的空泡已经成为开展研究极端条件下各个学科研究的神奇实验室。同时，激光空泡还被广泛应用到金属强化、水下目标探测、微创手术、生物药物定点注射等各个方面。

利用激光在液体介质中的空化现象对材料进行改性强化，这在理论上是完全可以实现的。当空化泡在固液交界面附近运动时，由于空泡两侧压力差，空化泡会进一步产生 "趋壁" 效应，在空泡运动过程中不断向近壁面靠近，在空泡脉动溃灭过程中伴随着冲击波和水射流作用，对材料表面形成力学作用，理论上解释了如何使用空化对材料进行强化的最根本的原理。

当空泡在近壁面附近破灭时，有明显的空泡微射流作用于近壁面。除了微射流作用于壁面外，还有空泡冲击波作用于材料表面，两者的共同作用被认为是造成材料产生空蚀效应的原因。空泡产生于激光聚焦区域，并在区域附近产生 "膨胀—收缩" 这样反复循环的脉动过程，并最终溃灭，空泡在溃灭过程中会产生微射流以及冲击波，若空泡存在于近壁面附近，近壁面会受到冲击波以及微射流的综合影响，若两者的共同作用力大小合适，则会对材料表面产生正面的影响，即材料强化作用。激光空化强化可作为一种对材料性能进行改性的全新技术和解决水力机械空蚀问题的全新手段，其理论和应用研究对于水力机械、激光技术等领域具有重要的现实意义。目前激光空化方面的研究主要集中在激光空化过程中产生的空化泡的脉动过程、脉冲激光击穿水介质特性等方面,还没有出现被认可的用于改善材料性能的研究,而这方面的应用前景相当广泛,因此有必要进行进一步的深入研究。

1.7 本 章 小 结

本章主要介绍了空化的概念,分析了液体内部产生空化的条件,回顾了常规的水力空化和超声波空化的国内外研究进展,讨论了水力机械上的空蚀现象和引起空蚀现象的原因,提出了冲击波和微射流可能是造成空蚀破坏的原因,对空化的内涵进行了介绍并分类,认为液体中存在空化核是空化发生的一个必要条件,介绍了不同的空化核模型,也对空化核运动平衡和 "气核悖理" 进行了讨论,认为承认运动和平衡的观点是解决 "气核悖理" 的关键。另外介绍了空化的能量效应,通过激光击穿液体介质产生空化泡可以对材料进行强化改性,这是未来对水力机械进行强化的一种很有潜力的方法。

参 考 文 献

[1] Pandit A B, Senthil Kumar P, Siva Kumar M. Improve reactions with hydrodynamic cavitation[J]. Chemical Engineering Progress, 1999, 95(5): 43-50.

[2] Barnaby R S, Berkowitz S M, Colcord W H. Abstract of convertible aircraft: a statement and discussion of the problem[J]. Journal of the Franklin Institute, 1949, 247(5): 518-519.

[3] Thornycroft J I. Torpedo boat destroyers [J]. Journal of the American Society for Naval Engineers, 2010, 7(4): 711-736.

[4] 计时鸣, 陈凯, 谭大鹏, 等. 超声空化对软性磨粒流切削效率和质量的影响 [J]. 农业工程学报, 2017, 33(12): 82-90.

[5] 吴书安, 祝锡晶, 王建青, 等. 超声空化泡溃灭冲击波作用固壁面的实验研究 [J]. 科学技术与工程, 2017, 17(8): 135-139.

[6] 何洪波, 薛霜霜, 吴榛, 等. Ag_2S/Ag_2WO_4 微米棒的声化学合成、表征及其高光催化性能 [J]. 催化学报, 2016, 37(11): 1841-1850.

[7] 陈思忠. 超声波清洗技术与进展 [J]. 洗净技术, 2004, 2(2): 7-12.

[8] 于凤文, 计建炳, 刘化章. 超声波在催化过程中的应用 [J]. 应用声学, 2002, 21(2): 40-45.

[9] Ceccio S L, Mäkiharju S A. Experimental Methods for the Study of Hydrodynamic Cavitation[M]// Cavitation Instabilities and Rotordynamic Effects in Turbopumps and Hydroturbines. Berlin: Springer International Publishing, 2017.

[10] 李奎, 朱孟府, 邓橙, 等. 水力空化去除水中石油污染物实验研究 [J]. 水处理技术, 2017, (7): 115-118.

[11] 黄永春, 李晴, 邓冬梅, 等. 水力空化深度处理焦化废水的实验研究 [J]. 工业水处理, 2017, 37(4): 53-57.

[12] Hammitt F G. Cavitation and Multiphase Flow Phenomena[M]. New York: McGraw-Hill, 1980.

[13] Kumar P S, Kumar M S, Pandit A B. Experimental quantification of chemical effects of hydrodynamic cavitation[J]. Chemical Engineering Science, 2000, 55(9): 1633-1639.

[14] Pandit A B, Joshi J B. Hydrolysis of fatty oils: effect of cavitation[J]. Chemical Engineering Science, 1993, 48(19): 3440-3442.

[15] Yang Y X, Wang Q X, Keat T S. Dynamic features of a laser-induced cavitation bubble near a solid boundary[J]. Ultrasonics Sonochemistry, 2013, 20(4): 1098-1103.

[16] Orthaber U, Petkovšek R, Schille J, et al. Effect of laser-induced cavitation bubble on a thin elastic membrane[J]. Optics and Laser Technology, 2014, 64: 94-100.

[17] Ren X D, He H, Tong Y Q, et al. Experimental investigation on dynamic characteristics and strengthening mechanism of laser-induced cavitation bubbles[J]. Ultrasonics Sonochemistry, 2016, 32: 218-223.

[18] Koch M, Lechner C, Reuter F, et al. Numerical modeling of laser generated cavitation bubbles with the finite volume and volume of fluid method, using OpenFOAM[J]. Computers and Fluids, 2016, 126(3): 71-90.

[19] Chen T N, Guo Z N, Zeng B W, et al. Experimental research and numerical simulation of the punch forming of aluminum foil based on a laser-induced cavitation bubble[J]. International Journal of Advanced Manufacturing Technology, 2017: 1-10.

[20] 王德顺. 2A02 铝合金的激光空化强化机理与羟自由基影响实验研究 [D]. 镇江: 江苏大学, 2016.

[21] 常近时. 水轮机与水泵的空化与空蚀 [M]. 北京: 科学出版社, 2016.

[22] 占梁梁. 水力机械空化数值计算与试验研究 [D]. 武汉: 华中科技大学, 2008.

[23] 潘森森, 彭晓星. 空化机理 [M]. 北京: 国防工业出版社, 2013.

[24] Fox F E, Herzfeld K F. Gas bubbles with organic skin as cavitation nuclei[J]. Journal of the Acoustical Society of America, 1954, 26(6): 984.

[25] Plesset M S, Sadhal S S. On the Stability of Gas Bubbles in Liquid-Gas Solutions[M]// Mechanics and Physics of Bubbles in Liquids. Netherlands: Springer, 1982: 133-141.

[26] 潘森森. 空化机理的近代研究 [J]. 力学进展, 1979, 9(4): 14-35.

[27] Yount D E. On the evolution, generation, and regeneration of gas cavitation nuclei[J]. Journal of the Acoustical Society of America, 1982, 71(6): 1473-1481.

[28] Mori Y, Hijikata K, Nagatani T. Fundamental study of bubble dissolution in liquid[J]. International Journal of Heat and Mass Transfer, 1977, 20(1): 41-50.

[29] Cha Y S. On the equilibrium of cavitation nuclei in liquid-gas solutions[J]. Journal of Fluids Engineering, 1981, 103(3): 1335-1349.

[30] 李根生, 沈晓明, 施立德, 等. 空化和空蚀机理及其影响因素 [J]. 石油大学学报, 1997,
       21(1): 97-107.

[31] 克里斯托弗·厄尔斯·布伦南等. 空化与空泡动力学 [M]. 王勇, 潘中永, 译. 镇江: 江苏
       大学出版社, 2013.

[32] 杨志明. 初生空化与液体抗拉强度的关系 [J]. 水动力学研究与进展, 1990, (4): 27-34.

[33] Barber B P, Putterman S J. Observation of synchronous picosecond sonoluminescence[J].
       Nature, 1991, 352(6333): 318-320.

[34] 张小强. 超声振动外圆珩磨磨削区温度场及单空化泡溃灭温度研究 [D]. 太原: 中北大学,
       2017.

[35] 孙小明, 王兆丰, 韩亚北, 等. 单一低透气性煤层水射流扩孔增透技术与效果分析 [J]. 煤
       炭工程, 2015, 47(4): 72-74.

[36] 李大炜. 方形孔口多孔板水力空化处理难降解废水的试验研究 [D]. 杭州: 浙江工业大学,
       2015.

[37] Takakuwa O, Mano Y, Soyama H. Suppression of hydrogen invasion into austenitic
       stainless steel by means of cavitation peening[J]. Transactions of the Japan Society of
       Mechanical Engineers, 2015, 81(824): 14-00638.

第2章 激光等离子体冲击波和空化空泡特性

2.1 概 述

激光作为一种能量载体,不但被广泛应用于激光焊接和激光切割等领域,还被应用于提高材料的机械性能以及延长材料的使用寿命等领域。随着激光技术的发展,出现了利用激光诱导产生空化泡的全新空化方法。此前关于空化的研究主要集中在避免和减少空化空蚀造成的危害,但随着空化技术的发展,人们意识到空化在带来危害的同时,空化技术也可以造福人类。通过利用空化过程中产生的冲击力以及局部高温高压的极端条件,可以开发出很多独特的工艺及应用手段。例如激光空泡技术巧妙地应用到生物体中时,可以利用空泡溃灭产生的冲击波击碎体内的胆或尿道结石等,与传统方法相比,更为便捷地治疗此类疾病,目前这种方法的临床试验已初步取得成功[1]。因为空泡在急剧压缩溃灭时气泡内部会产生约 $2 \times 10^6 K$ 的高温和上千个大气压的高压,所以有研究学者尝试利用激光诱导成群空泡与中子结合来完成核聚变实验[2]。目前关于激光空化的研究主要集中在通过高速摄像法、纹影法等方法,对激光空化空泡的脉动过程及等离子冲击波进行深入研究。但目前关于激光空化的研究主要集中于空化泡脉动过程及等离子冲击波的传播过程等方面,关于激光空化强化机理的研究显得十分迫切和重要。本章针对空蚀对水力机械的破坏以及空化能量的应用问题,提出了激光空化诱导产生空化泡,进而利用空泡溃灭对材料进行强化的新手段,简称为激光空化强化技术,该技术利用空化泡在近壁面附近溃灭时产生微射流和冲击波的特性对材料表面进行强化改性。本章首先介绍了激光击穿液态物质现象和等离子体冲击波在水中的传播特性,同时,对激光等离子体冲击波动力学进行讨论,并计算了水下冲击波速度和压强;随后介绍了球形空泡惯性生长、溃灭和回弹过程,讨论了含气量、表面张力、液态黏性和可压缩性对空泡溃灭压力的影响;最后,探讨了球形空泡在固壁面附近的非对称性溃灭,计算了空泡在溃灭阶段等温过程和绝热过程的冲击波压力,并结合国内外学者的研究成果阐述了空泡在强化材料过程中的微射流强化机理和冲击波强化机理。

2.2 激光击穿液态物质

相比固态和气态介质产生光学击穿现象的研究而言,强激光对液态物质击穿的机制的研究明显滞后。其困难在于，液体是一种介于固体和气体间的无定形物质，在某一时刻液体分子的聚集度具有较大的随机性，致使准自由电子局部势能将产生随机涨落，因而给研究带来一定的难度。为方便地研究水介质光击穿现象，人们常将水视为具有导带–价带的孤对无定形半导体，这种假设对于纯水和水中掺杂卤盐的情况是基本适用的，并因此参考固体中雪崩电离机制和多光子电离机制基础上，初步建立了液态水的击穿机制模型。

光学击穿机制是指当激光功率密度达到液态击穿阈值时，液态介质被电离击穿，产生等离子体，等离子体腔体迅速膨胀，类似微爆炸，向液态中辐射声波，等离子体腔体膨胀形成空泡，空泡产生振荡运动，并在溃灭时再次向液体中辐射声波。在实验中，当发生光击穿时，等离子体腔辐射出明亮的白光。Lim[3] 等通过实验研究了激光空化过程中的等离子体行为、声致发光现象以及激光与液流作用过程中声波的传播过程；Ahmat 等[4] 利用条纹相机记录了激光空化过程中等离子体从产生到膨胀到最终消失的过程；宗思光等[5] 利用高速摄像机研究了激光作用于水介质中时，等离子腔体的闪光现象，并对空泡的周期性脉动过程进行了拍摄，借助水听器研究了液流中近/远场的声场变化，实验得出的空泡与水力空化的相似；Waheed 等 [6] 研究发现磁场强度和激光通量显著增加了激光击穿 ZrO_2 等离子体的释放强度、电子温度和电子数密度，这主要归因于磁场的约束效应和焦耳热。

图 2.1(a) 所示为激光击穿水溶液形成的等离子体冲击波，等离子体冲击波从聚焦点以球形向周围扩散，因形成点到材料表面有一定距离，冲击波能量在液体介质的传播中逐渐耗散，因此等离子体冲击波并不会作用于材料表面；图 2.1(b) 为激光诱导空泡在近壁面溃灭时形成的冲击波，可以看出溃灭冲击波只呈现出 3/4 的形状，当溃灭中心就在材料壁面附近时，冲击波会在极短的时间里以很高的传播速度作用于材料表面，从而对材料表面形成冲击强化作用。

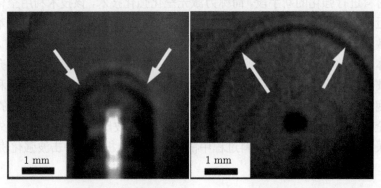

(a) 激光等离子体冲击波   (b) 近壁面空泡溃灭冲击波

图 2.1   高速摄像机拍摄的冲击波形态图[5]

2.3 激光诱导等离子体冲击波

激光击穿液体介质的一个重要的现象是冲击波辐射。当激光功率密度超过液体的击穿阈值，在聚焦区域形成高温高压等离子体，该等离子体吸收后续激光能量对外膨胀，不断压缩周围液体对外膨胀。从而在等离子体前方产生一系列压缩波叠加，最终产生间断面很陡的冲击波波阵面。冲击波在起始阶段是以超声速运动，经过扩展和衰减后变为声波。激光等离子体冲击波具有常规爆炸冲击波的一般特性，同时由于激光等离子体冲击波是源于内部高温高压等离子体的对外膨胀，冲击波具有点源小、能量密度高、强度衰减快、空间分布对称性好等特点[7]。

水作为无定形连续介质，理想情况下具有各向同性、均匀分布、高密度和压缩性小的物理特性。例如，水介质在常温常压下通常被认为像固体一样具有不可压缩性，但在高压作用下，水又像气体一样具有可压缩性，在激光等离子体的高压作用下，水中可形成具有陡峭波阵面的冲击波。同时，水中声速与水中含气量、水中静压力密切相关，常温常压下，水中的声速约为 1480m/s，当水中含气量为 0.1%～1%时，水中声速为 900m/s；当水中含气量达 6%时，水中声速为 500m/s 左右[7]。由此可见，激光击穿液体介质，形成的冲击波在产生、发展和传输过程中较气体介质中的情况更为复杂。

2.3.1 激光等离子体冲击波形成

当脉冲激光聚焦击穿液体介质时，激光等离子体冲击波的产生与聚焦区域的等离子体的扩展有关，冲击波在激光等离子体形成时刻起已经开始形成。击穿区域的高温高压气体对外膨胀速度大于介质中声波波面的运动速度，形成冲击波波阵面，波后气体不断压缩波面，使波面处密度不断增大以及相应位置处温度、压强、速度等物理参数相对于波前未被压缩的介质而言出现了突变[8]。而对于实际液体而言，黏滞力、热传导等因素的存在导致冲击波波阵面具有一定厚度，在这个区域内物理量变化剧烈，但仍然是连续的，即耗散的存在保证了实际物理量变化的连续性。图 2.2 给出了冲击波波阵面的结构图，其中虚线为理想波阵面，而曲线为实际波阵面。

激光等离子体冲击波的形成过程如图 2.3 所示。当聚焦区域的激光脉冲功率密度大于液体的击穿阈值时，将在光束聚焦焦斑区域形成高温高压等离子体。在激光脉冲持续时间内，高温高压等离子体继续吸收后续激光能量，并推动周围的液体介质沿径向对外扩张，形成了由被压缩的高密度介质构成的高压区。此时，液体介质被压缩区和等离子体源之间会形成一个稀疏区，即冲击波产生的起始阶段。此后，等离子体不断吸收后续激光能量，波阵面继续膨胀、加速。激光脉冲结束后，由于激光等离子体源的进一步作用, 高压区还将沿径向对外膨胀并不断加厚, 最终等离子体熄灭, 并且出现一个非常陡峭的波阵面, 形成激光等离子体冲击波。

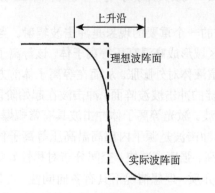

图 2.2   冲击波波阵面结构[8]

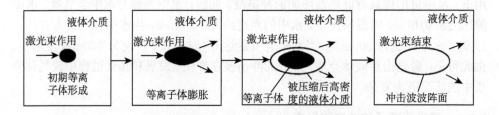

图 2.3   激光等离子体冲击波形成过程示意图[9]

在激光等离子体形成初期, 冲击波波形具有较明显的轴对称性, 此时冲击波波阵面的速度在激光入射方向大于激光入射的垂直方向, 采用球面冲击波模型描述冲击波波前结构与实际有一定误差。但随着冲击波不断对外扩展, 非中心对称波前逐渐向球面冲击波前的结构转变, 最终演变成球面声波脉冲。Vogel 等[10] 采用照明激光光延迟法对激光击穿水形成等离子体及冲击波发展序列的成像如图 2.4 所示 (脉冲激光能量分别为 1mJ、10mJ, 脉冲持续时间分别为 30ps、6ns)。图 2.4 中, 脉冲激光从右方入射。各帧照片下方标注时间为光路延时时间。由图 2.4 可知, 此时采用球对称冲击波模型来描述水下激光的等离子体冲击波的初始波前结构与实际情况差异较大。但随着冲击波不断衰减, 非对称中心波前结构逐渐向中心对称的球面波结构转变, 直至最终演变为球面声波。

图 2.5 为宗思光[7] 采用 360 000 帧/s 的高速相机拍摄的脉冲激光 (激光波长 1064nm、脉宽 8ns, 能量 550mJ) 击穿液体形成的等离子体冲击波传播衰减后的图像, 此时冲击波波阵面已具有较好的球形扩展结构。

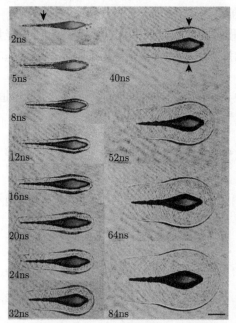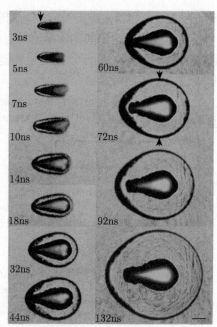

(a) 激光波长1064nm、脉宽30ps、能量1mJ　(b) 激光波长1064nm、脉宽6ns、能量10mJ

图 2.4　激光等离子体冲击波及空泡发展序列[10]

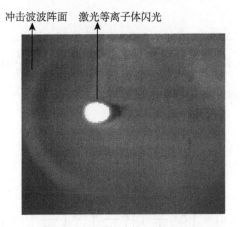

图 2.5　激光等离子体冲击波波阵面图像[7]

2.3.2　水下冲击波的基本方程

冲击波在宏观上表现为一个高速运动的高温、高压、高密度曲面，穿过该曲面时介质的压力、密度、温度等物理量都发生急剧的变化，即所谓的"突变"或"跃变"。在间断面上，流体动力学量：压力、密度、温度、质点速度的值都呈现阶跃式变化，形成压力和质点速度有跃变的间断面，即"冲击波波阵面"[7]。

各物理量跃变前后的值满足流体方程组的间断面关系式，即质量守恒、动量、能量守恒关系式。由质量守恒、动量守恒和能量守恒诸定律直接导出的平面冲击波基本方程可适用于任何可压缩介质。

考察两个无限接近时刻 t_1、t_2，表面 F 所包围的液体的体积 ΔV^*，质量守恒、动量守恒和能量守恒定律可以写成[11,12]

$$\left(\iiint_{\Delta V^*} \rho \mathrm{d}V^*\right)_{t=t_1} = \left(\iiint_{\Delta V^*} \rho \mathrm{d}V^*\right)_{t=t_2} \tag{2.1}$$

$$\left(\iiint_{\Delta V^*} \rho\boldsymbol{u}\mathrm{d}V^*\right)_{t=t_2} - \left(\iiint_{\Delta V^*} \rho\boldsymbol{u}\mathrm{d}V^*\right)_{t=t_1} = -\int_{t_1}^{t_2}\left(\iint_{F'} p\boldsymbol{n}\mathrm{d}F'\right)\mathrm{d}t \tag{2.2}$$

$$\left(\iiint_{\Delta V^*} \rho\frac{\boldsymbol{uu}}{2}\mathrm{d}V^*\right)_{t=t_2} - \left(\iiint_{\Delta V^*} \rho\frac{\boldsymbol{uu}}{2}\mathrm{d}V^*\right)_{t=t_1} + \left(\iiint_{\Delta V^*} \rho E\mathrm{d}V^*\right)_{t=t_2}$$

$$-\left(\iiint_{\Delta V^*} \rho E\mathrm{d}V^*\right)_{t=t_1} = \int_{t_1}^{t_2}\left(\iint_{F'} p\boldsymbol{un}\mathrm{d}F'\right)\mathrm{d}t \tag{2.3}$$

式中：$\boldsymbol{u}$ 为质点速度向量；p 为冲击波波阵面压力；$\boldsymbol{n}$ 为外法线单位向量；E 为内能。若冲击波波阵面方程为 $\boldsymbol{F}(x,y,z,t)=0$，将 $t+\Delta t$ 时波阵面方程展开成泰勒级数为

$$\boldsymbol{F}(x+\Delta x, y+\Delta y, z+\Delta z, t+\Delta t)$$
$$= \boldsymbol{F}(x,y,z,t) + \frac{\partial F}{\partial x}\Delta x + \frac{\partial F}{\partial y}\Delta y + \frac{\partial F}{\partial z}\Delta z + \frac{\partial F}{\partial t}\Delta t + nmvr \tag{2.4}$$

式中：$nmvr$ 表示高阶无穷小。

考虑关系式有

$$\Delta x = \Delta n \cos(n,x) = \left(\Delta n\frac{\partial F}{\partial x}\right)\left[\left(\frac{\partial F}{\partial x}\right)^2 + \left(\frac{\partial F}{\partial y}\right)^2 + \left(\frac{\partial F}{\partial z}\right)^2\right]^{-\frac{1}{2}} \tag{2.5}$$

$$\Delta y = \Delta n \cos(n,y) = \left(\Delta n\frac{\partial F}{\partial y}\right)\left[\left(\frac{\partial F}{\partial x}\right)^2 + \left(\frac{\partial F}{\partial y}\right)^2 + \left(\frac{\partial F}{\partial z}\right)^2\right]^{-\frac{1}{2}} \tag{2.6}$$

$$\Delta z = \Delta n \cos(n,z) = \left(\Delta n\frac{\partial F}{\partial z}\right)\left[\left(\frac{\partial F}{\partial x}\right)^2 + \left(\frac{\partial F}{\partial y}\right)^2 + \left(\frac{\partial F}{\partial z}\right)^2\right]^{-\frac{1}{2}} \tag{2.7}$$

引入符号有

$$\delta^* = \left[\left(\frac{\partial F}{\partial x}\right)^2 + \left(\frac{\partial F}{\partial y}\right)^2 + \left(\frac{\partial F}{\partial z}\right)^2\right] \tag{2.8}$$

可以得到

$$0 = 0 + \frac{\Delta n \left[\left(\frac{\partial F}{\partial x} \right)^2 + \left(\frac{\partial F}{\partial y} \right)^2 + \left(\frac{\partial F}{\partial z} \right)^2 \right]}{\delta^*} + \frac{\partial F}{\partial t} \Delta t + nmvr \tag{2.9}$$

从而可得出波阵面速度

$$N = \lim_{\Delta t \to \infty} \frac{\Delta n}{\Delta t} = -\frac{\partial F}{\partial t} \left[\left(\frac{\partial F}{\partial x} \right)^2 + \left(\frac{\partial F}{\partial y} \right)^2 + \left(\frac{\partial F}{\partial z} \right)^2 \right]^{-1} \tag{2.10}$$

对于相对波阵面速度 U_n，即波阵面速度 N 与法向速度 $\boldsymbol{u_n}$ 之差，可表示为

$$U_n = N - \boldsymbol{u_n} \tag{2.11}$$

又因为

$$\boldsymbol{u_n} = \boldsymbol{u}_x \cos(n, x) + \boldsymbol{u}_y \cos(n, y) + \boldsymbol{u}_z \cos(n, z) \tag{2.12}$$

式中：$\boldsymbol{u}_x = \dfrac{\mathrm{d}x}{\mathrm{d}t}; \boldsymbol{u}_y = \dfrac{\mathrm{d}y}{\mathrm{d}t}; \boldsymbol{u}_z = \dfrac{\mathrm{d}z}{\mathrm{d}t}$。

得

$$U_n = -\frac{\partial F}{\partial t} \frac{1}{\delta^*} - \frac{\partial F}{\partial x} \frac{\mathrm{d}x}{\mathrm{d}t} \frac{1}{\delta^*} - \frac{\partial F}{\partial y} \frac{\mathrm{d}y}{\mathrm{d}t} \frac{1}{\delta^*} - \frac{\partial F}{\partial z} \frac{\mathrm{d}z}{\mathrm{d}t} \frac{1}{\delta^*}$$

$$= -\left(\frac{\mathrm{d}F}{\mathrm{d}t} \right) \left[\left(\frac{\partial F}{\partial x} \right)^2 + \left(\frac{\partial F}{\partial y} \right)^2 + \left(\frac{\partial F}{\partial z} \right)^2 \right]^{-\frac{1}{2}} \tag{2.13}$$

利用 N、U_n，可以将质量守恒、动量守恒和能量守恒诸定律方程改写为

$$u_1 - u_0 = \sqrt{(p_1 - p_0) \left(\frac{1}{\rho_0} - \frac{1}{\rho_1} \right)} \tag{2.14}$$

$$D - u_0 = \frac{1}{\rho_0} \sqrt{\frac{p_1 - p_0}{\frac{1}{\rho_0} - \frac{1}{\rho_1}}} \tag{2.15}$$

$$E_1 - E_0 = \frac{1}{2} (p_1 + p_0) \left(\frac{1}{\rho_0} - \frac{1}{\rho_1} \right) \tag{2.16}$$

式中：p_0、ρ_0、E_0、u_0 分别为未扰动水介质的压力、密度、内能和质点速度；p_1、ρ_1、E_1、u_1 分别为冲击波波阵面后的对应参数；D 为液体中冲击波波阵面的传播速度。液体中冲击波波阵面后也遵循上述基本守恒方程。

同时，对于实际介质中的冲击波，由于存在能量耗散，冲击波波前、波后的突变不是发生在一个面上，而是发生于一个薄层之内，该薄层的厚度即为冲击波间断层的厚度，对于一般冲击波而言，其厚度 d 可表示为[13]

$$d=\frac{11+7Ma}{\rho_0(Ma-1)}\times10^{-8} \tag{2.17}$$

式中：ρ_0 为波前介质密度；Ma 为冲击波相对波前介质的马赫数。一般而言，该厚度约为几个分子自由程，且在这个区间内各物理量发生急剧且连续的变化，由于冲击波波阵面厚度与声波波长相比可忽略不计，所以理论分析时采用的间断面假设是合理的。

在距冲击波激发源心某一距离上，冲击波的能量 E 可表示为

$$E=\frac{4\pi R^2}{\rho_0 v_0}\int p^2\mathrm{d}t \tag{2.18}$$

式中：p 为冲击波波阵面压强；R 为测量点距离冲击波中心的距离；t 为冲击波从起点到达最大速度的时间，即开始衰减后到探测到冲击波的时间。

对冲击波近场 $p(t)$ 的测量很困难，在计算中一般可以通过 Gilmore 的空泡演化模型进行数值分析[14]，其 R 满足 $R/R_0=6$，R_0 为冲击波波阵面距源心的起始距离。

对于激光击穿液体形成的等离子体空泡冲击波，由前面的讨论可知该冲击波是由于液体介质吸收激光辐射能量发生快速相变产生高温高压等离子体而形成的，具有源点小、能量密度高、强度衰减快等特点，可用点爆炸冲击波模型来描述。该冲击波在空间扩散传播一段距离 (一般为厘米量级) 以后速度趋于声速，其间表现了完整的液体冲击波向声波的转变。同时，通过高速摄影结果可知水下激光等离子体冲击波为非完全中心对称结构，冲击波在发展初期为近似轴对称椭球面分布。随着传播距离的增大，旋转椭球波阵面逐步向球面波过渡，直至最终完全演变为球面声波。

由冲击波的动量守恒原理可分别获得冲击波的传播速度、液体微粒的传播速度以及冲击波压力等。下面对激光等离子体冲击波动力学进行讨论。

根据牛顿第二定律，可推导出冲击波压强与其传播速度的关系[15] 为

$$p-p_0=DU_\mathrm{p}\rho_0 \tag{2.19}$$

式中：p 为冲击波压力；p_0 为液体介质中的静压力，一般可取标准大气压，其值远小于冲击波压力，在计算中可忽略掉；D 为冲击波的传播速度；U_p 为液体介质粒子的传播速度；ρ_0 为液体介质被压缩前的密度。

冲击波速度 D 和液体粒子的传播速度 U_p 近似呈线性关系[15]，为

$$D = A + BU_p \tag{2.20}$$

在气压低于 20kbar 时，对于水来说，该线性方程的系数 $A = 1148\text{km/s}$，$B = 2.07\text{km/s}$。该值是由 Zweig[16] 估算得到的。

当冲击波对外发生球形辐射时，由动量守恒原理有

$$4\pi r^2 D\Delta t\rho U_p = k \tag{2.21}$$

式中：k 为常数；Δt 为冲击波波前上升时间；ρ 为冲击波波前的介质密度。

当激光聚焦击穿后，从击穿点到冲击波波前范围内，液体介质被压缩，其密度从 ρ_0 变化到 ρ。联立以上几式，可以推导出不同距离 r 处冲击波的传播速度 $D(r)$[17] 为

$$D(r) = \frac{A}{2} + \sqrt{\frac{A^2}{4} + \frac{C}{r^2}} \tag{2.22}$$

该冲击波表达式适用于冲击波在径向和轴向上的传播速度的计算。其中，C 为由 A、B、p 组成的常数，可利用冲击波波前传播速度，通过加权线性回归计算。

液体介质粒子的传播速度 $U_p(r)$ 和冲击波波阵面上的压力 p 也可以由上式推导，得出

$$U_p(r) = \frac{1}{B}\left(\sqrt{\frac{A^2}{4} + \frac{C}{r^2}} - \frac{A}{2}\right) \tag{2.23}$$

$$p = C\frac{\rho_0}{B}\frac{1}{r^2} \tag{2.24}$$

式 (2.24) 表明，球面冲击波波阵面上的压力 p 正比于 $1/r^2$，这与普通声波在液体介质中传播规律不同。当普通声波在液体中传播时，液体介质对声能的吸收小，声波传播可近似保持动能守恒，声波压力正比于 $1/r$；而在冲击波传播过程中，冲击波的动量保持守恒，而动能不再守恒，冲击波波阵面压力正比于 $1/r^2$，即方程 (2.24) 在激光等离子体冲击波发展的近场适用。

图 2.6 给出了采用脉冲激光 (激光波长 1064nm、脉宽 8ns、能量 1mJ) 击穿水获得的激光等离子体冲击波传输速度、冲击波波阵面压力随等离子体中心距离而变化的关系曲线。空泡半径最小时，冲击波的速度达到 4km/s；在距等离子体中心约 120μm 处，冲击波的传播速度达到 2.2km/s；在距等离子体中心约 500μm 处，冲击波的传播速度锐减到 1.5km/s，此时冲击波已转化为声波，此后就以声波的方式向外传播。冲击波压力随着传输距离的增大而迅速减小，当冲击波传输距离超过 500μm 时，压力基本稳定。由于采用激光参数及测试方法的不同，造成了不同学者研究冲击波数据的差异。

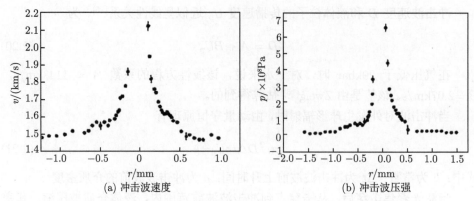

(a) 冲击波速度　　　　　　　　(b) 冲击波压强

图 2.6　轴向冲击波速度、压强与等离子体中心距离的关系曲线[16,17]

2.4　气泡动力学与气泡特性

2.4.1　气泡动力学 Rayleigh-Plesset(R-P) 方程

考虑无界液体中的一个球泡，泡内是均匀分布的气汽混合物，泡外是密度为 ρ 的均质液体。忽略液体的黏性、可压缩性、热传导及气体扩散，只考虑惯性作用，则连续性方程和动力方程分别为[18]

$$\nabla \cdot \boldsymbol{v} = 0 \tag{2.25}$$

$$\frac{\partial \boldsymbol{v}}{\partial t} + (\boldsymbol{v} \cdot \nabla)\boldsymbol{v} = \boldsymbol{F} - \frac{1}{\rho}\nabla p \tag{2.26}$$

式中：$\boldsymbol{v}$ 为流体质点的速度矢量；$\boldsymbol{F}$ 为质量力。对于球对称运动，只有径向流动，有速度势 φ 存在，且 $v_r = \dfrac{\partial \varphi}{\partial r}$。于是式 (2.25) 可以写成

$$\frac{\partial v_r}{\partial r} + 2\frac{v_r}{r} = 0 \tag{2.27}$$

式 (2.26) 可直接积分为

$$\frac{\partial \varphi}{\partial t} + \frac{1}{2}\left(\frac{\partial \varphi}{\partial r}\right)^2 + \frac{p}{\rho} = f(t) \tag{2.28}$$

式中：$f(t)$ 是与时间有关的积分常数。由式 (2.27) 并代入泡壁边界条件可得

$$v_r = \frac{R^2 \dot{R}}{r^2} \tag{2.29}$$

将 $\varphi = \displaystyle\int v_r \mathrm{d}r = -\frac{R^2\dot{R}}{r}$ 和 $\dfrac{\partial \varphi}{\partial t} = -\dfrac{2R\dot{R}^2 + R^2\dot{R}}{r}$ 代入式 (2.28)，注意到边界条

件 $v_r|_{r \to \infty} = 0$ 和 $p|_{r \to \infty} = p_\infty$，然后取 $r = R$，即得泡壁的径向运动方程：

$$R\ddot{R} + \frac{3}{2}\dot{R}^2 = \frac{1}{\rho}(p_R - p_\infty) \tag{2.30}$$

这就是 1917 年 Rayleigh 推导的著名方程[19]。其中 p_R 是泡壁处流体的静压强：

$$p_R = p_{\mathrm{g}} + p_{\mathrm{v}} - \frac{2\tau}{R} \tag{2.31}$$

考虑液体的黏性，应该以 $\left[p_R + 2\mu\left(\dfrac{\partial V_r}{\partial r}\right)\Big|_{r=R}\right]$ 取代式 (2.30) 中的 p_R，于是得

$$R\ddot{R} + \frac{3}{2}\dot{R}^2 = \frac{1}{\rho}\left[p_{\mathrm{g}} + p_{\mathrm{v}} + p_\infty(t) - \frac{2\tau}{R} - \frac{4\mu\dot{R}}{R}\right] \tag{2.32}$$

这就是基本的气泡动力学 R-P 方程[20]。式 (2.32) 是非齐次二阶微分方程，只有等式右边为下列三种情况之一时才有解析结果：①不显含时间 t；②仅为 R 的函数；③某些特殊情况如正弦振荡，只能有数值解。

2.4.2 气泡的生长、溃灭与回弹

若等式 (2.32) 右边 $\dot{R} = \ddot{R} = 0$，这就是静平衡情况。由 R-P 方程可解得气泡失稳生长的临界半径 R^*(图 2.7)[21]：

$$R^* = R_0\sqrt{\frac{3R_0\left(p_0 - p_{\mathrm{v}} + \dfrac{2\tau}{R_0}\right)}{2\tau}} \tag{2.33}$$

式中：p_0 为气泡初始半径 R_0 时的液体压强。对于单个气泡来说，当 $R \gg R^*$ 时，该气泡就空化了。图 2.7 中 τ 和 γ 为液体表面张力系数和比重，T 和 N 分别是泡内气体的温度和气体常数[18]。

由 R-P 方程可以计算出气泡的生长和溃灭过程 (图 2.8)，图中试验点是 Knapp 教授摄影的结果。一般情况下，一个空化泡溃灭到最小半径后还会再次生长，称为"回弹"。空化泡的回弹主要是泡内永久气体作用的结果，通常观测 3~5 次，每次回弹后的泡的最大体积约为前一次的 50%～70%(图 2.9)[21]。

图 2.10是由 R-P 方程计算得液体黏性和表面张力对气泡生长的影响，其中 $\mu' = \dfrac{4\mu}{R_0\sqrt{\rho(p_\infty - p_{\mathrm{g}})}}$，$\tau' = \dfrac{\tau}{R_0\sqrt{p_\infty - p_{\mathrm{g}}}}$ 为无量纲黏性系数和无量纲表面张力系数，p_{g} 是泡内的气泡压力。可见，黏性与表面张力的作用都是减缓气泡生长的[18]。

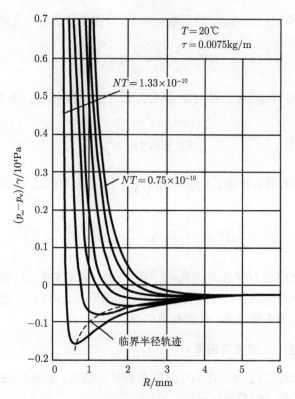

图 2.7　气核半径和压力关系曲线[21]

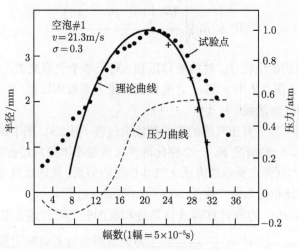

图 2.8　气泡的生长与溃灭过程[21]

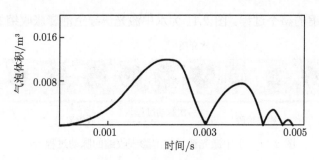

图 2.9 空化泡的回弹[21]

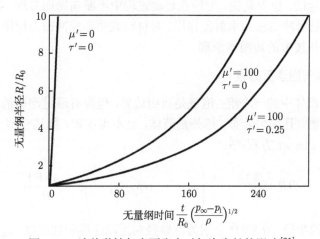

图 2.10 液体黏性与表面张力对气泡生长的影响[21]

2.5 激光诱导水下空泡脉动作用

　　激光在液体环境中聚焦,将会产生等离子体,形成局部压力梯度差,且空泡由于内外压力差值,在水中进行连续膨胀和收缩运动,不断释放能量且形成冲击波作用。在空泡进行膨胀并释放能量的过程中,空泡内部压强不断变化,并且由于水下压强作用,空泡尺寸不断变化。在空泡膨胀过程中由于惯性力作用,空泡达到最大尺寸后,内部压强减弱,在周围液体压力作用下开始进行收缩;随着空泡尺寸减小,当空泡收缩惯性结束时,在收缩惯性作用下内部压强又进一步扩大,使得缩小的空泡在内外压力作用下重新开始脉动膨胀,从而这一膨胀压缩过程不断重复进行。但由于在膨胀收缩过程中释放的能量和冲击波使得空泡内部压强无法回弹到最初状态,因此空泡尺寸在脉动膨胀收缩中不断缩小,最终溃灭[22]。空泡膨胀收缩过程非常短暂,因此高速摄像设备开始引入到空化脉动过程的实验研究中用于捕捉记录空泡膨胀收缩的整个过程。图 2.11 为水中激光诱导空泡膨胀收缩的脉动过程。

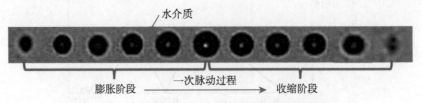

图 2.11　水中激光诱导空泡膨胀收缩的脉动过程[22]

当空化泡在固液交界面附近运动时，由于空泡两侧压力差的存在，空化泡会进一步产生趋壁运动，也就是说，空泡在运动过程中不断向壁面靠近，在空泡脉动溃灭过程中会伴随着冲击波和水射流作用，对材料表面形成冲击力作用，理论上解释了激光空化强化技术的最根本原理。

2.5.1　球形蒸气泡溃灭过程

考虑无界流体中的一个泡：泡壁是自由边界，但没有通过泡壁的质量输运；泡内是气汽混合物，且均匀分布；泡外是液体，且不可压缩。描述空泡径向运动的方程是 Rayleigh-Plesset 方程[20]：

$$R\ddot{R} + \frac{3}{2}\dot{R}^2 = \frac{1}{\rho}\left[p_{\mathrm{g}} + p_{\mathrm{v}} + p_\infty\left(t\right) - \frac{2\tau}{R} - \frac{4\mu\dot{R}}{R}\right] \tag{2.34}$$

式中：R 为空泡半径，$\dot{R}$ 和 $\ddot{R}$ 分别为泡壁径向运动速度和加速度；p_{g} 和 p_{v} 分别为泡内永久气体和饱和蒸气压力；$p_\infty\left(t\right)$ 为远离泡壁处的液体压力；ρ、τ 和 μ 分别为泡外液体的密度、表面张力系数和动力黏度系数。

设泡内仅含蒸气，且气泡外液体为定常压力场，即 $p_{\mathrm{g}} = 0$, $p_\infty\left(t\right) = p_\infty$。忽略液体的黏性力和表面张力，则式 (2.34) 可简化为

$$R\ddot{R} + \frac{3}{2}\dot{R}^2 = \frac{1}{\rho}\left(p_{\mathrm{v}} - p_\infty\right) \tag{2.35}$$

当 $t=0$ 时，$R=R_0$, $\dot{R}=0$。

将式 (2.35) 的两边对时间积分转化为对 R 积分，可得球形蒸气泡溃灭时泡壁径向运动的速度 $\dot{R}$、加速度 $\ddot{R}$ 以及由此引起的泡壁周围液体中压力变化 $p\left(r\right)$ 分别为[18]

$$\dot{R} = \sqrt{\frac{2}{3}\frac{p_\infty - p_{\mathrm{v}}}{\rho}\left(\frac{R_0^3}{R^3} - 1\right)} \tag{2.36}$$

$$\ddot{R} = \frac{p_\infty - p_{\mathrm{v}}}{\rho}\frac{R_0^3}{R^4} \tag{2.37}$$

$$p(r) = \left[\frac{1}{3} \left(\frac{R_0^3}{R^3} - 4 \right) \left(\frac{R}{r} \right) - \frac{1}{3} \left(\frac{R_0^3}{R^3} - 1 \right) \left(\frac{R}{r} \right)^4 + 1 \right] (p_\infty - p_v) \tag{2.38}$$

考虑到 $p_v \ll p_\infty$, 在溃灭后期泡半径 $R \to \infty$, 则由式 (2.36)、式 (2.37) 和式 (2.38) 有: 泡壁的速度 $\dot{R} \to \infty$, 泡壁的加速度 $\ddot{R} \to \infty$, 气泡外液体压力也是 $p(r) \to \infty$, 这是不合理的, 这是因为假设了气泡内不含永久气体。考虑泡内气体的作用, $\dot{R}$、$\ddot{R}$ 和 $p(r)$ 都不会是无穷大, 但也将是很大的数值。

由式 (2.36), 可得到初始半径 R_0 的球形空泡溃灭时间 t_c 为

$$t_c = R_0 \sqrt{\frac{\rho}{6 (p_\infty - p_v)}} \cdot \frac{\Gamma\left(\frac{5}{6}\right) \Gamma\left(\frac{1}{2}\right)}{\Gamma\left(\frac{4}{3}\right)} = 0.91468 R_0 \sqrt{\frac{\rho}{p_\infty}} \tag{2.39}$$

由上式可知, 气泡的溃灭时间很短, 而且正比于初始半径 R_0, 气泡越小, 溃灭时间越短。当气泡外的液体介质是水时, 在一个大气压的作用下, 初始半径 $R_0 = 2\mu m$、$20\mu m$、$200\mu m$ 和 $2mm$ 的蒸气泡溃灭时间分别为 $0.184\mu s$、$2\mu s$、$20\mu s$ 和 $0.2ms$。

对式 (2.38) 求微商, 令 $dp(r)/dr = 0$, 可得到气泡外液体中的最大压力 p_{max} 及其位置 r_m, 即

$$\left(\frac{r_m}{R} \right)^3 = \frac{4 \left[\left(\frac{R_0}{R} \right)^3 - 1 \right]}{\left(\frac{R_0}{R} \right)^3 - 4} \tag{2.40}$$

其对应的最大压力为

$$p_{max} = \frac{1 + \left(\frac{R_0}{R} - 4 \right)^{4/3}}{4^{4/3} \left[\left(\frac{R_0}{R} \right)^3 - 1 \right]^{1/3}} \cdot p_\infty \tag{2.41}$$

当 $R \to 0$ 时, $\left(\frac{R_0}{R} \right)^3 \gg 1$, 式 (2.40) 趋近于 4, 则有

$$r_m \approx 1.587 R \tag{2.42}$$

$$p_{max} = 4^{-4/3} \left(\frac{R_0}{R} \right)^3 \cdot p_\infty \to \infty \tag{2.43}$$

Rayleigh 计算的溃灭空泡附近流体中的压力线如图 2.12 所示[21], 由图可见, 随着无量纲参数 z 的增加, 空泡逐渐在溃灭, 出现的压力峰越来越高, 而且最高峰

的位置趋近于 r/R=1.59 渐近线。在此图上，仅计算到 $R < \frac{1}{4}R_0$，实际上空泡溃灭最后阶段的半径要远小于 1/4 初始半径，所以最高压力峰也要比图 2.12 显示的还有大幅的提高[18]。

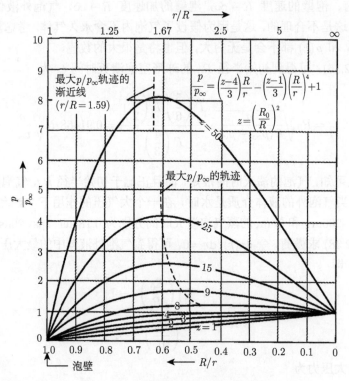

图 2.12   球形蒸气空泡溃灭压力[21]

2.5.2   含气量修正

空化溃灭时产生的巨大能量普遍超出上游来流带来的动能，这是由于空化介质一部分内能的释放，采用能量守恒的原理进行分析，空泡溃灭时产生的巨大能量是由于空泡产生过程中接收并存储在空泡内部以高温高压的形式表现出来[23]，内外压力差越大，空泡溃灭越剧烈，产生作用的能量也越庞大。空化溃灭时，在其周围的局部区域内产生了极高的压强和极高的温度，并使流体介质 (水) 处于瞬时的超临界状态。

在压力方面，体现为极高的压力，描述这样一空泡径向运动的方程是 R-P 方程。设泡内存在高温高压蒸气，且液体介质设定为固定值，即 $p_g= 0$，$p_\infty(t)=p_\infty$，则空化泡溃灭时引起泡壁周围液体的压力为 $p(r)$。考虑到 $p_v \ll p_\infty$，在溃灭后期泡

半径 $R \to 0$，则泡外液体压力也是 $p(r) \to \infty$，这是不合理的，是由于假设了泡内不含有永久气体 ($p_g = 0$) 的后果。计及泡内气体的作用，$p(r)$ 不会是无穷大，但也将是很大的数值。

考虑半径为 R 的充满永久气体的一个泡，其泡内压力为[18]

$$p_g = p_{g0} \left(\frac{R_0}{R} \right)^{3\gamma} \tag{2.44}$$

令泡内相对含气量参数为

$$\delta = \frac{p_{g0}}{p_\infty} \tag{2.45}$$

忽略液体的黏性、表面张力，则式 (2.34) 转化为

$$R\ddot{R} + \frac{3}{2}\dot{R}^2 = -\frac{p_\infty}{\rho} \left[1 - \delta \left(\frac{R_0}{R} \right)^{3\gamma} \right] \tag{2.46}$$

解得泡壁速度为

$$\dot{R} = \sqrt{ \frac{2p_\infty}{3\rho} \left(\frac{R_0}{R} \right)^3 \left\{ 1 - \left(\frac{R_0}{R} \right)^3 + \frac{\delta}{\gamma-1} \left[1 - \left(\frac{R_0}{R} \right)^{3(\gamma-1)} \right] \right\} } \tag{2.47}$$

由于气泡内气体可压缩，气泡缩小过程中一部分能量转化为泡内气体的内能，所以溃灭到最小直径 $R_{\min}$ 会有反弹。由 $\dot{R} = 0$ 可求得

$$R_{\min} \approx R_0 \left(\frac{\delta}{\gamma-1} \right)^{\frac{1}{3(\gamma-1)}} \left(1 + \frac{\delta}{\gamma-1} \right)^{-\frac{1}{3(\gamma-1)}} \tag{2.48}$$

此时的最大压力峰

$$p_{\max} \approx p_{g0} \left(\frac{\gamma-1}{\delta} \right)^{\frac{\gamma}{(\gamma-1)}} \left(1 + \frac{\delta}{\gamma-1} \right)^{-\frac{\gamma}{(\gamma-1)}} \tag{2.49}$$

空泡溃灭过程极为迅速，只有 $10^{-6} \sim 10^{-4}$s 量级时间，所以空泡溃灭应接近于绝热过程，取 $\gamma = 1.3 \sim 1.4$。但为了有一个直观的印象，考虑等温过程 ($\gamma = 1$)，得到 $p_{\max}$ 的渐进式为

$$p_{\max} \approx p_\infty \delta e^{\frac{1}{\delta}} \tag{2.50}$$

考虑泡内全部含气 ($\delta = 1$)、部分含气 ($\delta = 20\%$、10%) 和含很少气体 ($\delta = 5\%$、2%) 五种情况，其相应的溃灭压力峰值分别为 $2.7p_\infty$、$30p_\infty$、$2.2 \times 10^3 p_\infty$、$2.4 \times 10^7 p_\infty$ 和 $1.0 \times 10^{20} p_\infty$。可见，泡内含有永久气体的数量极大地影响了空化泡溃灭的压力峰值。

根据上述公式，Hickling[24]、Trilling[25] 和 Ivany[32] 通过改变参数变量，研究空泡溃灭时产生的压力作用变化；Harrsion 和 Sutton[26,27] 分别通过声测法和光弹法对空泡溃灭时产生的高压作用进行研究；Fujikawa[40] 和 Suslick[28] 则通过具体实验的方法获得对空泡溃灭压力值的测量数值。现将一些计算结果和试样结果列于表2.1 中。

表 2.1   空泡溃灭压力峰值的计算与实验方法[18]

文献	p_{max}/MPa	方法	备注
Trilling(1952)	220	计算	$\delta = 13\%, \gamma = 1.4$
Hickling 和 Plesset(1964)	2500	计算	$\delta = 1\%, \gamma = 1.4$
	25 000	计算	$\delta = 0.1\%, \gamma = 1.4$
Ivany(1965)	6770	计算	$\delta = 1\%, \gamma = 1.3$
	58 200	计算	$\delta = 0.1\%, \gamma = 1.3$
Harrsion(1952)	400	试验	声测法
Sutton(1955)	2000	试验	光弹法
Fujikawa 和 Akamatsu(1978)	1000~10 000	试验	脉冲激光法
Suslick(1991)	>50	试验	观测得 $T = 1900K$

在温度方面，体现为极高的温度，据 Noltingk-Neppiras 的 "热点理论"[29]，有

$$T_{max} = T \left[\frac{P_\infty(\gamma - 1)}{p_g} \right] \qquad (2.51)$$

$$p_{max} = p_g \left[\frac{p_\infty(\gamma - 1)}{p_g} \right]^{\frac{\gamma}{\gamma - 1}} \qquad (2.52)$$

$$T_R = T_0 \left(\frac{R_0}{R} \right)^{3(\gamma - 1)} \qquad (2.53)$$

式中：p_{max} 和 T_{max} 为空化泡溃灭瞬间泡内最大压力和泡内气相的最高温度；T_R 为溃灭结束时 (对应空化泡半径为 R) 泡内的气相物质温度；T_0 为空化液体的温度；p_∞ 为溃灭瞬间泡外液体的压力；p_g 为溃灭过程中处在空化泡最大尺寸 (对应半径为 R_0) 时的气体压力；而 R_0 和 R 分别是空化溃灭前后的空化理论半径；$\gamma = C_p/C_v$ 为泡内气体的绝热指数[18]，部分计算和实验结果如表 2.2 所示。

表 2.2   空泡溃灭产生局部高温的计算和试样结果[18]

文献	T_{max}/K	方法	备注
Noltingk-Nepprias(1950)	10 000	计算	$\frac{R_0}{R} = 20, T_0 = 20℃$
Mason 等 (1998)	4200	计算	$p_{max} = 98.8MPa$
	4000~6000	试验 (水)	光谱法
Suslick(1991)	4100~4500	试验 (苯)	光谱法
	4920~5240	试验 (硅油)	光谱法
Misik 等 (1994)	2000~4000	试验	同位素法

2.5.3 液体黏性、表面张力和可压缩性影响

1. 液体黏性和表面张力的影响

考虑液体有黏性，即黏性系数 $\mu \neq 0$；表面张力系数 $\tau \neq 0$。回到求解完整的 R-P 方程。Poritsky[30] 的计算结果如图 2.13 所示，图中的无量纲黏性参数 μ' 和无量纲表面张力 τ' 分别为

$$\mu' = \frac{4\mu}{R_0\sqrt{\rho\left(p_\infty - p_{\mathrm{g}} - p_{\mathrm{v}}\right)}} \tag{2.54}$$

$$\tau' = \frac{\tau}{R_0\sqrt{\left(p_\infty - p_{\mathrm{g}} - p_{\mathrm{v}}\right)}} \tag{2.55}$$

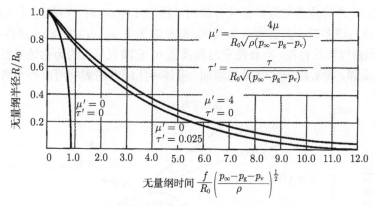

图 2.13　液体黏性和表面张力对空泡溃灭的影响[21]

由图 2.13 可见，黏性的出现会减缓空泡溃灭的速率，而表面张力却会使溃灭速率加快。Poritsky[30] 的研究结果指出，如果 μ' 的取值超过了临界值 0.46，则该空泡在黏性力的作用下溃灭将非常缓慢，其溃灭时间几乎为无穷大。然而对于一个典型的空泡而言，临界值 $\mu' = 0.46$ 相当于冷水黏滞性的 1500 倍左右，在生活中不会遇到，在工程上也很难遇到。

2. 液体可压缩性影响

在溃灭后期，$\dot{R}/c$ 不是小量 (c 是空化介质中声速)，所以也需要考虑液体的可压缩性。Bethe 和 Kirkwood[31] 作了三个假设：

(1) 液体的流速 u/c 是个小量。

(2) 压力扰动波以液体中声速 c 传播。

(3) "运动焓" $(H + u_r^2/2)$ 在液体中以 $c + u_r$ 速度沿外向特征线不变地传播。其中，u_r 为泡壁的径向运动速度，运动焓中 H 是液体的焓，定义为

$$H = \int_{p_\infty}^{p_R} \frac{1}{\rho} \mathrm{d}p \qquad\qquad (2.56)$$

在上述三个假定下, 空泡径向运动方程为

$$Ru\frac{\mathrm{d}u}{\mathrm{d}R}\left(1 - \frac{u}{c}\right) + \frac{3}{2}u^2\left(1 - \frac{u}{3c}\right) = H\left(1 + \frac{u}{c}\right) + \frac{Ru}{c}\frac{\mathrm{d}H}{\mathrm{d}R}\left(1 - \frac{u}{c}\right) \qquad (2.57)$$

当 $u/c \to 0$ 时, 式 (2.57) 退化为不可压缩的 Rayleigh 方程, 即

$$R\ddot{R} + \frac{3}{2}\dot{R}^2 = \frac{1}{\rho}\left(p_\infty - p_R\right) \qquad\qquad (2.58)$$

图 2.14 是 Bethe 和 Kirkwood[31] 计算的液体可压缩性对空泡溃灭影响的示意图。泡内完全没有永久气体时 ($p_{g0} = 0$), 液体的可压缩性对泡壁收缩速度的影响还是比较大的, 尤其是当空泡半径只有初始半径的 1/1000 时, 泡壁运动马赫数已超过 10。空泡内或多或少总含有永久气体, 即使像图中 $p_{g0} = 10^{-4}$atm 那样小的含气量, 由于泡内气体的存在, 不会使空泡溃灭至 0, 它溃灭至大约为初始半径的 1/500 时就开始反弹。随着泡内含气量的增加, 液体可压缩性的影响可以不予考虑。

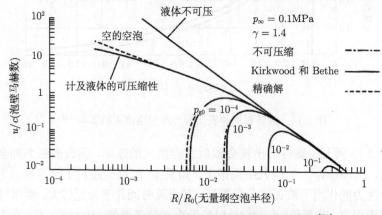

图 2.14　液体可压缩性对空化泡溃灭的影响示意图[21]

表 2.3 是 Ivany[32] 等的计算结果, Ivany 计算的泡的初始半径为 1.27mm, 以近乎绝热过程溃灭, 泡外液体压力都是一个大气压, 而泡内相对含气量 10^{-4} 和 10^{-3}, 在计及液体可压缩性后, 得到溃灭产生的最大压力分别约为 5.8×10^4MPa 和 6.7×10^3MPa。但溃灭压力沿径向衰减很快, 在离溃灭中心 2 倍初始半径的位置上, 它们分别衰减为 80MPa 和 35MPa, 当然这仍然是很高的压力。泡壁的最大径向速度约为 250m/s。

表 2.3 气泡溃灭计算结果[31]

液体的可压缩性	p_∞/MPa	γ	p_0/MPa	R_0/mm	R_{min}/R_0	p_{max}/MPa	u_{max}/c	$p_{r,r=2R_0}$/MPa
不可压, Ivany	0.1	1.3	10^{-5}	1.27	1.37×10^{-4}	1.17×10^{10}	—	—
			10^{-4}		1.76×10^{-3}	5.51×10^{6}	—	—
可压, Ivany	0.1	1.3	10^{-5}	1.27	3.13×10^{-3}	5.82×10^{4}	—	80
			10^{-4}		9.82×10^{-3}	6.67×10^{3}	0.17	35
可压, Hickling	0.1	1.4	10^{-5}	—	6×10^{-3}	2.5×10^{4}	—	100
			10^{-4}		1.7×10^{-2}	2.5×10^{3}	—	20

2.6 近壁面的激光诱导空泡脉动

激光空泡的脉动溃灭过程中，通常伴随着微射流和冲击波，如何将它们产生的破坏效果转化为有益于生产生活的技术应用，也逐渐成为学者们的研究重点。近年来，激光空泡空化技术逐渐地被应用于金属材料强化，图 2.15 是利用激光空化技术诱导产生空泡的空化强化方法原理图，空泡溃灭产生的微射流和冲击波作用于金属试样表面，材料表面综合性能得到提升。

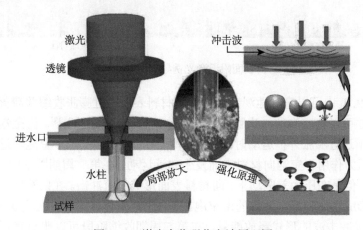

图 2.15 激光空化强化方法原理图

当空泡存在于固液交界面附近时，固体面在液体中的存在，导致如图 2.16 中的规则对称球形状态无法出现，由于固体在液体环境中导致压力梯度存在使得空泡两侧存在压力差值，从而使空泡发生不对称运动[32]，这就是空泡溃灭会对液体介质中材料形成高速射流冲击的根本原因。这一现象普遍存在于自然发生的空化现象中，因此研究近壁面空泡运动的实际情况必须考虑这一因素。Bjerknes[33] 第一个发现该现象的存在并对其进行分析研究，发现导致这一现象的原因是压力差梯度，称为 Bjerknes 作用力。自然空蚀的主要原因同样是由于上述现象，在空泡在固液界面旁产生并发展过程中, 不断向固体面进行趋近运动, 并且在趋近运动过程中, 由于空泡距离固体面位置很近, 在膨胀收缩过程中不断释放的冲击作用和微射流对固体面形成应力作用。利用高速摄像机可以直观地了解并研究这一过程, 图 2.16 即为 2×10^5 帧/s 的高速摄像机拍摄到的在材料表面附近激光诱导空泡脉动运动规律图。

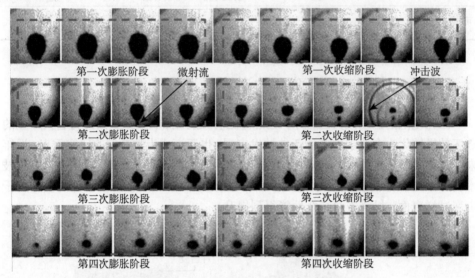

图 2.16   材料表面附近激光诱导空泡脉动运动规律图[33]

从图 2.16 中可以直观地观察到空泡在材料表面附近膨胀收缩并溃灭的 4 次运动情况, 并可以将空泡的一次膨胀并收缩作为一个运动周期[33]。当空泡在内外压强差作用下进行膨胀外扩运动时, 受到固体面存在的影响, 水下空泡附近存在压力梯度, 在压力作用下空泡向材料表面发生趋近运动。在第二周期图示中, 虽然空泡并未破灭, 但是在压力差驱动下, 向材料表面形成射流冲击。在射流冲击作用后空泡分裂, 形成主体和不定数量的微空泡。残余空泡主体继续重复上述现象, 进行膨胀收缩并以冲击波的形式释放能量, 在第二周期收缩阶段可以明显直观地观察到冲击波的存在。综上, 由于固液交界面附近液体压力场的客观持续存在, 趋近运动在每个空泡脉动的每个周期都同样存在, 并且在脉动周期中都会以射流和冲击波的形式对材料表面进行作用。当空泡群或者单个空泡多次重复以高速射流和冲击波对材料进行冲击作用后, 冲击作用在材料表面不断叠加累积, 最终对材料表面形成空化强化作用。

2.6.1   球形空泡的非对称溃灭和微射流机理

在无界流体中, 在某些情况下, 由于泡壁的小扰动, 也可能发展成泡壁的失稳,引起球泡的非球对称溃灭。Chapman 和 Plesset[35] 的研究表明，球泡边壁的任意扰动可用球函数表示：

$$r = R + \sum_{n=1}^{\infty} a_n Y_n \tag{2.59}$$

式中：r 为泡壁半径；R 为未扰动气泡半径；Y_n 是 n 阶泡壁谐波；a_n 为其相应的扰动幅度。假设扰动幅度很小，$|a_n(t)| \ll R(t)$，且认为这两个变量是互相独立的，在忽略泡内蒸汽的情况下，由气泡径向运动方程可得第 n 阶谐波扰动幅度 a_n 的方程为

$$\frac{\mathrm{d}^2 a_n}{\mathrm{d}t^2} + \frac{3\dot{R}}{R} \frac{\mathrm{d}a_n}{\mathrm{d}t} - A_n a_n = 0 \tag{2.60}$$

式中：系数 A_n 的表达式为

$$A_n = \frac{(n-1)\ddot{R}}{R} - (n-1)(n+1)(n+2)\frac{\tau}{\rho R^3} \tag{2.61}$$

在 $n \geqslant 2$ 时，气泡的球形开始被破坏。解得当 $R \to 0$ 时，$a_n \propto R^{-\frac{1}{4}}$，即在溃灭的末期，泡壁失稳，可能被拉长，也可能被压扁成哑铃状，最终发生非对称溃灭，泡壁闭合的速度可达 $10^2 \mathrm{m/s}$。

Plesset 和 Chapman[36] 又进一步研究了近固壁的球形空泡的溃灭，他们认为，由于刚性边壁的存在，造成了气泡周围流场沿固壁法向的不对称性，使溃灭中的气泡形状发生畸变，这种畸变可以使动能相对集中在气泡离固壁较远一侧的顶部，因此在空泡溃灭的初期就形成一股微射流，并随着溃灭过程冲向对壁。他们计算这股微射流撞到对壁的速度为 130~170m/s。Lauterborn 和 Bolle[37] 用高速摄影记录近固壁的空泡溃灭过程，证实溃灭时微射流的存在，且撞击对壁速度约有 120m/s(图 2.17)。

赵瑞[14] 使用光偏转法以及水听器探究了空泡微射流作用于材料表面的冲击力与激光能量之间的关系，通过上节中的空泡脉动方程结合光偏转法推导出了微射流速度表达式。材料在空化泡的微射流作用下会产生微小的变形，通过光偏转法检测光通量的变化可得出交流电信号的电压值。光通量的变化为[14]

$$\theta = kF \tag{2.62}$$

$$\Delta\varphi = \varphi_0 \frac{1.666\theta f_2}{r_2} \tag{2.63}$$

式中：r_2 为反射光束腰；f_2 为反射光焦距；θ 为材料表面形变倾斜角；φ_0 为原始光通量。

$$U = \eta\Delta\varphi = \eta\frac{1.666\varphi_0\theta f_2}{r_2} \tag{2.64}$$

式中：$\eta = \dfrac{4000V}{M}$ 为转化因子。

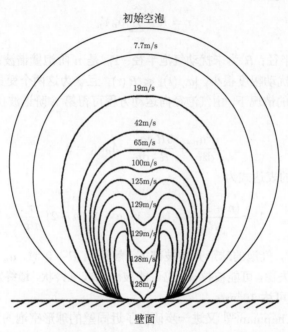

图 2.17　近壁面单空泡脉动特性与微射流速度关系图[38]

将式 (2.62) 代入式 (2.64) 可得

$$F = \frac{r_2 U}{1.666\varphi_0 k\eta\lambda_2} \tag{2.65}$$

由压强定义可得

$$P = \frac{F}{\pi r^2} \tag{2.66}$$

式中：F 为空泡溃灭时的射流冲击力，r 为射流半径。

射流速度与射流冲击压强间存在以下的关系[22]：

$$P = \frac{\rho_1 c_1 \rho_2 c_2}{\rho_1 c_1 + \rho_2 c_2} v \tag{2.67}$$

式中：c_1 和 ρ_1 分别代表液流的声速和密度；c_2 和 ρ_2 分别为微射流作用对象的声速和密度。

将式 (2.65) 及式 (2.66) 代入式 (2.67)，即可获得射流速度表达式：

$$v_1 = \frac{r}{4\pi k I_0 \eta f R} \cdot \frac{\rho_1 c_1 + \rho_2 c_2}{\rho_1 c_1 \rho_2 c_2 \pi r^2} U_i \tag{2.68}$$

结合式 (2.64) 可以看出，微射流产生的冲击力随着激光能量的增加而增加，射流冲击力的幅值也相应增加。

如果在溃灭气泡附近不是刚性固壁，而是自由液面，则也会产生微射流，但射流的方向恰巧相反，是背离自由液面的。所以对球形空泡的溃灭来说，只要它附近的局部区域内有压力梯度存在，溃灭总是非对称的。

由于微射流的速度很大，可以用水锤压力公式来计算[18]：

$$p = \rho c u \tag{2.69}$$

式中：ρ 为液体密度；c 为液体中声速；u 为微射流速度，取 $u \approx 150 \mathrm{m/s}$ 代入，可得空化泡非对称溃灭所产生微射流对固壁面的冲击压强达 $p \approx 225 \mathrm{MPa}$。早在 20 世纪中叶，美国著名学者 Hammitt[21] 曾给出如下数据：

微射流对固壁冲击压强：$7050 \mathrm{kgf/cm^2}$ (690MPa)；

微射流直径：$2 \sim 20 \mu \mathrm{m}$；

微射流对固壁的冲击频次：$100 \sim 1000$ 次/$(\mathrm{s \cdot cm^2})$；

微射流压力脉冲的作用时间：$100 \mu \mathrm{s}$。

处于材料表面附近的空泡发生脉动时，空泡上、下泡壁处的流体密度存在一定的差距，而下泡壁处的流体因存在材料壁面的约束，其周围的液体运动速度明显小于上泡壁周围的流体，存在于空泡壁周围的速度差使得空泡垂直地向材料表面运动。空泡上泡壁受挤压的区域不断地由周围液体以加速射流的形式填充，最终在材料表面形成具有较大速度的微射流。图 2.18 所示为高速摄像机记录的激光诱导空泡溃灭时的近壁面高速微射流图片，图中白色箭头标注出的为高速微射流垂直作用于材料壁面，在多次冲击下壁面处开始出现空化强化效应。

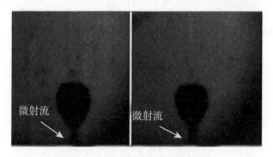

图 2.18　近壁面空泡微射流图

2.6.2　空泡溃灭的冲击波压力

如图 2.19 所示，考虑固壁面附近、初始为球形的空泡由静止开始的溃灭过程。在分析过程中，忽略空泡的质量扩散和热传导效应，并认为空泡的溃灭对称于 z 轴

(z 轴为垂直于固壁面并通过空泡泡心的坐标轴)。

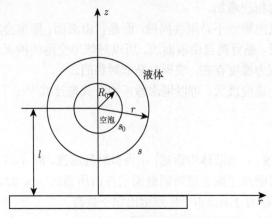

图 2.19   固壁面附近空泡

不可压缩理想液体中，溃灭空泡的诱导速度满足方程[39]

$$\frac{\partial u}{\partial t} + u\frac{\partial u}{\partial r} = -\frac{1}{\rho}\frac{\partial p}{\partial r} \tag{2.70}$$

式中：u、p 分别是距离泡中心 r 处空泡溃灭诱导的速度和压力；ρ 是密度。

对于任意时刻 t，空泡的半径为 $R = R(t)$，则空泡壁的运动速度为

$$U = -\frac{\mathrm{d}R}{\mathrm{d}t} \tag{2.71}$$

因为液体具有连续性，所以

$$u = -U\frac{R^2}{r^2} \tag{2.72}$$

空泡溃灭过程中，诱导的液体流动是有势的，满足：

$$u = \frac{\partial \phi}{\partial r} \tag{2.73}$$

且 $\phi = 0$ 时，$r \to \infty$。

所以有

$$u = \frac{\partial \phi}{\partial r} = -U\frac{R^2}{r^2} \tag{2.74}$$

可计算出

$$\phi = -U\frac{R^2}{r} \tag{2.75}$$

从能量角度来看，空泡外部的液体受到扰动，其动能可表示为

$$E_k \approx -\frac{1}{2}\rho \int_{泡壁} \phi\frac{\partial \phi}{\partial r}\mathrm{d}s = -\frac{1}{2}\rho \int_{V_液} u^2 \mathrm{d}V = 2\pi\rho U^2 R^3 \tag{2.76}$$

由于空泡的溃灭，液体损失的势能可表示为

$$W_{\mathrm{p}} = \int_{V_0}^{V} p_{\infty}\mathrm{d}V = -\frac{4}{3}\pi p_{\infty}\left(R_0^3 - R^3\right) \tag{2.77}$$

式中：R_0 为空泡初始半径；R 为空泡任意时刻半径；p_{∞} 为无穷远处液体中压力。

在空泡溃灭过程中，空泡内气体所做的功为

$$W_g = \int_{V_0}^{V} p_g\mathrm{d}V \tag{2.78}$$

式中：p_g 为空泡内气体压力。

在空泡溃灭过程中，液体表面张力所做的功为

$$W_{\mathrm{s}} = \int_{S_0}^{S} \sigma\mathrm{d}S = 4\pi\left(R^2 - R_0^2\right)\sigma \tag{2.79}$$

式中：σ 为液体的表面张力系数。

对于空泡内的气体而言，假设气体为完全气体，即满足 Clapeyron(克拉佩龙)状态方程，且比热为常数的气体。其气体的状态方程可写为

$$pV^{\gamma} = \frac{m}{M}RT \tag{2.80}$$

式中：m 为气体质量；M 为气体摩尔质量；p 为气体压力；V 为气体体积；T 为气体的热力学温度；R 为普适气体常数；γ 为空泡内气体的绝热指数。

1. 空泡溃灭的等温过程变化[7]

当空泡内气体等温变化时，$\gamma = 1$、$\dfrac{m}{M}RT = $ 常数，即

$$p_gV = p_0V_0 = p_0\frac{4}{3}\pi R_0^3 \tag{2.81}$$

所以，此时空泡内气体压力可表示为

$$p_g = \frac{c}{V} \tag{2.82}$$

因此，空泡溃灭过程中，空泡内气体所做的功为

$$\begin{aligned} W_g &= -\int_{V_0}^{V_1} p_g\mathrm{d}V = -\int_{V_0}^{V_1} \frac{c}{V}\mathrm{d}V \\ &= -\int_{V_0}^{V_1} \frac{p_0\dfrac{4}{3}\pi R_0^3}{V}\mathrm{d}V = 4\pi R_0^3 p_0\ln\frac{R_0}{R} \end{aligned} \tag{2.83}$$

空泡在溃灭过程中，其能量守恒，所以有

$$E_k + W_p + W_g + W_s = 0 \tag{2.84}$$

即

$$2\pi\rho \left(\frac{\mathrm{d}R}{\mathrm{d}t}\right)^2 R^3 + 4\pi\left(R^2 - R_0^2\right)\sigma + 4\pi R_0^3 p_0 \ln\frac{R_0}{R} + \frac{4}{3}\pi p_\infty\left(R_0^3 - R^3\right) = 0 \tag{2.85}$$

所以有

$$\frac{\mathrm{d}R}{\mathrm{d}t} = \left\{\frac{2p_\infty}{3\rho}\left[\left(\frac{R_0}{R}\right)^3 - 1\right] + \frac{2\sigma}{\rho R_0}\left[\left(\frac{R_0}{R}\right)^3 - \frac{R_0}{R}\right] - \frac{2p_0}{\rho R^3}\ln\left(\frac{R_0}{R}\right)\right\}^{\frac{1}{2}} \tag{2.86}$$

该式即为空泡壁的运动速度。对式 (2.86) 分别求导和积分，可得到空泡的溃灭时间 t 和泡壁的运动加速度为

$$t = \int_{R_0}^{R}\left\{\frac{2p_\infty}{3\rho}\left[\left(\frac{R_0}{R}\right)^3 - 1\right] + \frac{2\sigma}{\rho R_0}\left[\left(\frac{R_0}{R}\right)^3 - \frac{R_0}{R}\right] - \frac{2p_0}{\rho R^3}\ln\left(\frac{R_0}{R}\right)\right\}^{\frac{1}{2}}\mathrm{d}R$$

$$\frac{\mathrm{d}^2 R}{\mathrm{d}t^2} = \frac{1}{\rho R^2}\left[\frac{p_0 R_0^3}{R^2}\left(3\ln\frac{R_0}{R} + 1\right) - \frac{p_\infty R_0^3}{R^2} - \sigma\left(3\frac{R_0^2}{R^2} - 1\right)\right] \tag{2.87}$$

所以，空泡溃灭诱导的速度可表示为

$$u = -U\frac{R^2}{r^2} = \frac{\mathrm{d}R}{\mathrm{d}t}\frac{R^2}{r^2}$$

$$= \left\{\frac{2p_\infty}{3\rho}\left[\left(\frac{R_0}{R}\right)^3 - 1\right] + \frac{2\sigma}{\rho R_0}\left[\left(\frac{R_0}{R}\right)^3 - \frac{R_0}{R}\right] - \frac{2p_0}{\rho R^3}\ln\left(\frac{R_0}{R}\right)\right\}^{\frac{1}{2}}\frac{R^2}{r^2} \tag{2.88}$$

将该式代入 $\dfrac{\partial u}{\partial t} + u\dfrac{\partial u}{\partial r} = -\dfrac{1}{\rho}\dfrac{\partial p}{\partial r}$，对公式两边积分化简可以得到空泡溃灭辐射冲击压力的表达式为

$$p = \left(1 - \frac{R_0^3 R}{3r^4} + \frac{R^4}{3r^4} + \frac{R_0^3}{3R^2 r} - \frac{4}{3}\frac{R}{r}\right)p_\infty + \frac{R_0^3 p_0}{R^2 r}\left[\ln\left(\frac{R_0}{R}\right) - 1\right]$$

$$- \frac{R_0^3 R}{r^4}\ln\left(\frac{R_0}{R}\right)p_0 + \frac{\sigma}{R_0}\left(\frac{R_0^3}{R^2 r} - \frac{3R_0}{R} + \frac{R_0^3 R - R_0 R^3}{r^4}\right) \tag{2.89}$$

2. 空泡溃灭的绝热过程变化[7]

在空泡溃灭的后期，过程进行得很快，空泡与周围液体没有明显的热交换，因此空泡溃灭也可以看作绝热过程。

当空泡内气体绝热变化时，有

$$pV^\gamma = c \tag{2.90}$$

式中：p 为泡内气体压力；V 为空泡体积；γ 为空泡内气体的绝热指数；c 为常数。

当空泡溃灭，空泡内气体绝热变化时，空泡内气体所做的功为

$$
\begin{aligned}
W_{\mathrm{g}} &= -\int_{V_0}^{V} p_{\mathrm{g}} \mathrm{d}V = -\int_{V_0}^{V} cV^{-\gamma} \mathrm{d}V \\
&= -\int_{V_0}^{V} p_0 \left(\frac{4}{3}\pi R_0^3\right)^\gamma V^{-\gamma} \mathrm{d}V = \frac{4\pi R_0^3 p_0}{3(1-\gamma)} \left[\left(\frac{R_0}{R}\right)^{3(1-\gamma)} - 1\right]
\end{aligned} \tag{2.91}
$$

根据空泡在溃灭过程中，其能量守恒，所以有

$$E_{\mathrm{k}} + W_{\mathrm{p}} + W_{\mathrm{g}} + W_{\mathrm{s}} = 0 \tag{2.92}$$

即

$$
\begin{aligned}
&2\pi\rho \left(\frac{\mathrm{d}R}{\mathrm{d}t}\right)^2 R^3 + 4\pi \left(R^2 - R_0^2\right)\sigma \\
&+ \frac{4\pi R_0^3 p_0}{3(1-\gamma)} \left[\left(\frac{R_0}{R}\right)^{3(1-\gamma)} - 1\right] + \frac{4}{3}\pi p_\infty \left(R_0^3 - R^3\right) = 0
\end{aligned} \tag{2.93}
$$

对式 (2.93) 进行处理，可以得到空泡壁的运动速度：

$$
\begin{aligned}
\frac{\mathrm{d}R}{\mathrm{d}t} = &\left\{\frac{2p_\infty}{3\rho}\left[\left(\frac{R_0}{R}\right)^3 - 1\right] + \frac{2\sigma}{\rho R_0}\left[\left(\frac{R_0}{R}\right)^3 - \frac{R_0}{R}\right]\right. \\
&\left. - \frac{2p_0}{3(1-\gamma)}\left[\left(\frac{R_0}{R}\right)^{3(1-\gamma)} - 1\right]\right\}^{\frac{1}{2}}
\end{aligned} \tag{2.94}
$$

对式 (2.94) 进行微分，可以得到空泡壁的运动加速度：

$$
\frac{\mathrm{d}^2 R}{\mathrm{d}t^2} = \frac{1}{\rho R^2}\left[\frac{p_0}{(1-\gamma)}\left(\frac{R_0^3}{R^2} - \gamma\frac{R_0^{3\gamma}}{R^{3\gamma-1}}\right) - \frac{p_\infty R_0^3}{R^2} - \sigma\left(3\frac{R_0^2}{R^2} - 1\right)\right] \tag{2.95}
$$

对式 (2.95) 积分，可以得到空泡溃灭的时间：

$$
\begin{aligned}
t = &\int_{R_0}^{R}\left\{\frac{2p_\infty}{3\rho}\left[\left(\frac{R_0}{R}\right)^3 - 1\right] + \frac{2\sigma}{\rho R_0}\left[\left(\frac{R_0}{R}\right)^3 - \frac{R_0}{R}\right]\right. \\
&\left. - \frac{2p_0}{3(1-\gamma)}\left[\left(\frac{R_0}{R}\right)^{3(1-\gamma)} - 1\right]\right\}^{\frac{1}{2}} \mathrm{d}R
\end{aligned} \tag{2.96}
$$

所以，空泡溃灭诱导的速度可表示为

$$u = -U\frac{R^2}{r^2} = \frac{\mathrm{d}R}{\mathrm{d}t}\frac{R^2}{r^2}$$

$$= -\left\{\frac{2p_\infty}{3\rho}\left[\left(\frac{R_0}{R}\right)^3 - 1\right] + \frac{2\sigma}{\rho R_0}\left[\left(\frac{R_0}{R}\right)^3 - \frac{R_0}{R}\right]\right.$$

$$\left. - \frac{2p_0}{3(1-\gamma)}\left[\left(\frac{R_0}{R}\right)^{3(1-\gamma)} - 1\right]\right\}^{\frac{1}{2}}\frac{R^2}{r^2} \tag{2.97}$$

将该式代入式 $\dfrac{\partial u}{\partial t} + u\dfrac{\partial u}{\partial r} = -\dfrac{1}{\rho}\dfrac{\partial p}{\partial r}$，对公式两边积分化简可以得到当空泡绝热溃灭时，距离泡中心 r 处，空泡辐射的辐射冲击压力的表达式为

$$p = \left(1 - \frac{R_0^3 R}{3r^4} + \frac{R^4}{3r^4} + \frac{R_0^3}{3R^2 r} - \frac{4}{3}\frac{R}{r}\right)p_\infty + \frac{\sigma}{R_0}\left(\frac{R_0^3}{R^2 r} - \frac{3R_0}{R} + \frac{R_0^3 R - R_0 R^3}{r^4}\right)$$

$$+ \frac{p_0}{3(1-\gamma)}\left[\frac{R_0^3}{R^2 r} - (4-3\gamma)\frac{R_0^{3\gamma}}{R^{3\gamma-1}r} - \frac{R_0^3 R}{r^4} + \frac{R_0^{3\gamma}}{R^{3\gamma-4}r^4}\right] \tag{2.98}$$

利用式 (2.89)、式 (2.98)，可计算空泡等温溃灭、绝热溃灭时，不同过程辐射的冲击压力的变化。

2.6.3　球形空泡溃灭后的回弹与冲击波

空泡发生溃灭时形成的大量能量会剧烈地压缩空泡附近的流体，从而发展成压力冲击波向四周辐射。有些空泡溃灭时与壁面的距离非常近，冲击波的大部分能量都会作用于材料表面，使得作用区域形成塑性变形，改变材料的形貌，局部冲击波反复作用最终引起部件的空化强化。在实验室中，空泡回弹是经常可以观察到的，球形空泡 (泡内含有一定量的永久气体) 第一次溃灭至非零的最小半径，然后回弹再生，再溃灭，这样反复多次。球形空泡表面是透明光滑的，若回弹时仍是一个小一些的空化泡，那表面也是透明光滑的。在回弹的瞬间，泡壁径向速度反向，可能会形成一个冲击波，若回弹时产生数个小泡，甚至是密集成团的泡群，此时观察到的是表面粗糙的、不规则的，就不一定有冲击波。

日本学者 Fujikawa 和 Akamatsu[40] 在水激波管中，用高速摄影拍摄红宝石脉冲激光诱导气泡溃灭过程的照片，同时记录下其辐射压力，发觉当观测到有微射流时并没有测到对壁面的脉动压力，与其相反，在气泡溃灭至最小半径然后回弹的那一瞬间，冲击波的压力脉冲高至 $10^3 \sim 10^4$MPa，脉冲的持续时间为 2~3μs，如图 2.20 所示，他们的实验结果与当时盛行的微射流冲击理论是相悖的。与 Fujikawa 和 Akamatsu[40] 同在日本仙台高速力学研究所的 Shima 等[41] 对此作了细化的研究，指出 (图 2.21)：

$$\frac{L}{R_{\max}} \leqslant 0.3 \text{ 及 } \frac{L}{R_{\max}} \geqslant 1.5, \text{高压脉冲以冲击波为主产生;}$$

$$\frac{L}{R_{\max}} = 0.6 \sim 0.8, \text{高压脉冲以微射流为主产生;}$$

$$0.3 \leqslant \frac{L}{R_{\max}} \leqslant 0.6 \text{ 或 } 0.8 \leqslant \frac{L}{R_{\max}} \leqslant 1.5, \text{高压脉冲可由冲击波和微射流两者共}$$
同产生。

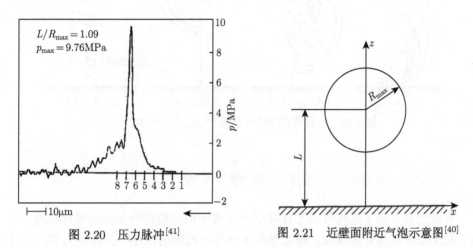

图 2.20 压力脉冲[41]   图 2.21 近壁面附近气泡示意图[40]

黄建波等[42]计算了可压缩液态中固壁面附近空化泡 (少量含气) 的溃灭过程及对边壁上产生的最大压力, 得到图 2.22 的结果, 图中 $\bar{e}_0 = \frac{L}{R_{\max}}$。

(1) 当 $\bar{e}_0 \geqslant 3.0$ 时, 空泡溃灭过程中的形状接近于球形, 其中心虽向边壁移动, 但不能形成冲破空泡的微射流, 固壁面上的压力由溃灭时的辐射压力确定。

(2) 当 $2.0 < \bar{e}_0 < 3.0$ 时, 溃灭中的空泡形状离球形有较大的距离, 顶部下凹, 但不一定能形成冲破空泡对壁的微射流。此时固壁面上的压力或由辐射压力确定, 或由水锤压力确定, 得视具体情况而定 (与泡内的初始含气量有关)。

(3) 当 $\bar{e}_0 \leqslant 2.0$ 时, 空泡形状严重偏离球形, 形成微射流, 并一般能冲破另一侧泡壁, 对固壁面形成冲击作用。此时固壁面上的压力主要由微射流产生的水锤压力而定。

黄建波等[42] 的计算结果与 Shima 等[41] 的实验结果在数值上虽有差别, 但定性结论是一致的。

总之, 空泡溃灭辐射的压力本身就很大, 由于不可凝气体而产生回弹时又产生冲击波压力, 近壁面溃灭时形成微射流冲击的水锤压力, 都可以认为是引起材料强化的主要机理。此时倘若合理控制微射流和冲击波的冲击时间和次数, 以期达到控制作用在固壁面上力的大小的效果, 相反会产生类似于冲击强化的特质, 延长材料的使用寿命。

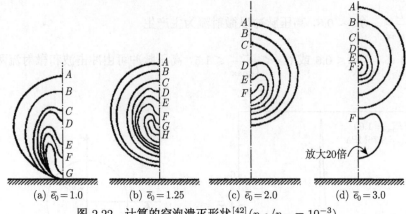

(a) $\bar{e}_0 = 1.0$　　(b) $\bar{e}_0 = 1.25$　　(c) $\bar{e}_0 = 2.0$　　(d) $\bar{e}_0 = 3.0$

图 2.22　计算的空泡溃灭形状[42]($p_{g0}/p_\infty = 10^{-3}$)

2.7　本章小结

本章主要介绍了激光等离子体冲击波在水中的传播特性和空化强化机理,介绍了激光击穿液体介质现象,激光等离子体冲击波辐射及水下冲击波方程,由冲击波的动量守恒原理可分别获得冲击波的传播速度、液体微粒的传播速度以及冲击波压力等。对激光等离子体冲击波动力学进行讨论并计算了水下冲击波速度和压强。详细介绍空泡的惯性生长,溃灭与回弹过程,讨论了黏性和表面张力对空泡生长的影响;并对球形蒸气泡的溃灭过程进行了数值计算,讨论了含气量、液体黏性、表面张力和可压缩性对空泡溃灭压力的影响。最后,探讨了球形泡在固壁面附近的非对称溃灭,微射流强化机理和冲击波强化机理,计算了空泡在溃灭阶段等温过程和绝热过程中的冲击波压力,并简要介绍了国内外学者在激光空化强化方面的研究成果,表明激光空化强化是一种有效的强化材料的方法。

参 考 文 献

[1]　Christopher E B. Cavitation in Biological and Bioengineering Contexts[J]. Fifth International Symposium on Cavitation, 2003.

[2]　Taleyarkhan R P, Lapinskas J, Xu Y, et al. Modeling, analysis and prediction of neutron emission spectra from acoustic cavitation bubble fusion experiments[J]. Nuclear Engineering and Design, 2008, 238(10): 2779-2791.

[3]　Lim H H, Taira T. Sub-nanosecond laser induced air-breakdown with giant-pulse duration tuned Nd: YAG ceramic micro-laser by cavity-length control [J]. Optics Express,

2017, 25(6): 6302.

[4] Ahmat L, Shahzada S, Haq S U, et al. Characterization of laser produced plasma using laser induced breakdown spectroscopy[J]. Plasma Physics Reports, 2017: 1-7.

[5] 宗思光, 王雨虹, 王江安. 脉冲激光击穿水介质特性的实验研究 [J]. 光电工程, 2008, 35(11): 68-72.

[6] Waheed S, Bashir S, Dawood A, et al. Effect of magnetic field on laser induced breakdown spectroscopy of zirconium dioxide (ZrO$_2$) plasma[J]. Optik-International Journal for Light and Electron Optics, 2017: 140-147.

[7] 宗思光. 激光击穿液体介质的空化与声辐射 [M]. 北京：国防工业出版社, 2013.

[8] Diaci J. Investigation of blast waves generated by laser induced damage processes[J]. Optics Communications, 1992, 90: 73-78.

[9] Huegel H. Excimer laser induced shock waves in the presence of external gas flows[J]. Proceedings of SPIE-The International Society for Optical Engineering, 1995, 2502: 706-711.

[10] Vogel A, Lauterborn W, Timm R. Optical and acoustic investigations of the dynamics of laser-produced cavitation bubbles near a solid boundary[J]. Journal of Fluid Mechanics, 1989, 206: 299-338.

[11] 克里斯托弗·厄尔斯·布伦南. 空化与空泡动力学 [M]. 王勇, 潘中永, 译. 镇江：江苏大学出版社, 2013.

[12] 周听清. 爆炸动力学及其应用 [M]. 合肥：中国科学技术大学出版社, 2001.

[13] Ridah S. Shock waves in water[J]. Journal of Applied Physics, 1988, 64(1): 152-158.

[14] 赵瑞. 激光等离子体冲击波传输及空泡动力学特性研究 [D]. 南京：南京理工大学, 2007.

[15] Harris P, Presles H N. Reflectivity of a 5.8 kbar shock front in water[J]. Journal of Chemical Physics, 1981, 74(12): 6864-6866.

[16] Zweig A D. Shock waves generated by XeCl excimer laser ablation of polyimide in air and water[C]// Conference on Lasers and Electro-Optics. 1992: 76-82.

[17] 于全芝, 李玉同, 张杰. 超短超强激光与液体的相互作用研究 [J]. 物理, 2003, 32(3): 585-589.

[18] 潘森森, 彭晓星. 空化机理 [M]. 北京：国防工业出版社, 2013.

[19] Rayleigh L. On the pressure developed in a liquid during the collapse of a spherical cavity[J]. Philosophical Magazine Series 6, 1917, 34(200): 94-98.

[20] Plesset M S. The dynamics of cavitation bubbles[J]. Journal of Applied Mechanics, 1949, 16(3): 227-290.

[21] Knapp R T, Daily J W, Hammitt F G. Cavitation[M]. New York: McGraw-Hill, 1970.

[22] Philipp A, Lauterborn W. Cavitation erosion by single laser-produced bubbles[J]. Journal of Fluid Mechanics, 2000, 361: 75-116.

[23] 应崇福, 安宁. 声空化气泡内部高温和高压分布 [J]. 中国科学, 2002, 32(4): 305-313.

[24] Hickling R, Plesset M S. Collapse and rebound of a spherical bubble in water[J]. The Physics of Fluids, 1964, 7(1): 7-14.

[25] Trilling L. The Collapse and rebound of a gas bubble[J]. Journal of Applied Physics, 1952, 23(1): 14-17.

[26] Harrison M. An experimental study of single bubble cavitation noise[J]. Journal of the Acoustical Society of America, 1952, 24(6): 776-782.

[27] Sutton G W. A photoelastic study of strain waves caused by cavitation[J]. Int. Appl. Mech., 1955, 24(3): 340-348.

[28] Suslick K S. The sonochemical hot spot[J]. Acoustical Society of America Journal, 1991, 89(89): 1885, 1886.

[29] Noltingk B E, Neppiras E A. Cavitation produced by ultrasonics[J]. Proceedings of the Physical Society, 1950, 63(9): 674.

[30] Poritsky H. The collapse or growth of a spherical bubble or cavity in a vicous fluid[J]. Journal of Applied Mechanics Transactions of the ASME, 1951, 18(3): 332-333.

[31] Bethe H A, Kirkwood J G. Critical behavior of solid solutions in the order-disorder Transformation [J]. Journal of Chemical Physics, 1939, 7(8): 578-582.

[32] Ivany R D. Collapse of a cavitation bubble in viscous compressible liquid: numerical and experimental analysis[J]. Umr, 1965.

[33] 何国庚, 罗军, 黄素逸. 空泡溃灭的 Bjerknes 效应 [J]. 水动力学研究与进展, 2000, 15(3): 337-341.

[34] 随赛. 轻合金近壁面激光空泡动态脉动特性及强化机理的研究 [D]. 镇江: 江苏大学, 2015.

[35] Chapman R B, Plesset M S. Thermal effects in the free oscillation of gas bubbles[J]. Journal of Basic Engineering, 1971, 93(3): 373-376.

[36] Plesset M S, Chapman R B. Collapse of an initially spherical vapour cavity in the neighbourhood of a solid boundary[J]. Journal of Fluid Mechanics, 2006, 47(2): 283-290.

[37] Lauterborn W, Bolle H. Experimental investigations of cavitation-bubble collapse in the neighbourhood of a solid boundary[J]. Journal of Fluid Mechanics, 2006, 72(2): 391-399.

[38] 柳伟, 郑玉贵, 姚治铭, 等. 金属材料的空蚀研究进展 [J]. 中国腐蚀与防护学报, 2001, 21(4): 250-255.

[39] 柯乃普. 空化与空蚀 [M]. 北京: 水利出版社, 1981.

[40] Fujikawa S, Akamatsu T. Experimental investigations of cavitation bubble collapse by a water shock tube[J]. Jsme International Journal, 1978, 21(152): 223-230.

[41] Shima A, Takayama K, Tomita Y, et al. Mechanism of impact pressure generation from spark-generated bubble collapse near a wall[J]. Aiaa Journal, 1983, 21(21): 55-59.

[42] 黄建波, 倪汉根. 空泡群溃灭时作用于固壁上的压强 [J]. 水利水运工程学报, 1988, (3): 35-44.

第 3 章　激光空化的力学强化效应

3.1　概　　述

水力机械空化空蚀现象的根本原因是近壁面空泡脉动溃灭过程辐射的冲击波和微射流产生力学效应[1]。如果逐渐累积的力学作用超出了材料本身的屈服强度，对材料造成疲劳破坏，材料就会发生一定程度上的空蚀。但倘若合理控制微射流和冲击波的冲击时间和次数，控制作用于固壁面上冲击力的大小，就会产生类似于冲击强化的效果，延长材料的使用寿命[2]。

本章主要研究激光诱导空泡脉动溃灭过程所产生的冲击波信号，利用压电传感器 —— 水听器探测冲击波信号转换的声压信号，根据水听器的特性换算成力信号，由此定量测量出靶材表面上作用力的数值，并将该数值与材料的屈服强度进行对比，若作用力大于该材料的屈服强度，则表明在此条件下的激光空化对材料起到了空化强化作用[3]。本章分别从水听器采集的声压数据和作用区域材料表面的三维形貌出发，考虑激光入射方向与靶材表面激光作用位置，试图找到最佳的相对位置关系，为后续的实验做铺垫；同时探究激光能量与作用在靶材表面上的力学效应关系，根据与靶材本身屈服强度的对比得出其强化规律，为进一步研究激光诱导空泡的强化机制提供实验数据的参考。

3.2　脉冲激光对声压信号探测

3.2.1　声压信号探测系统

声压信号探测系统实验在江苏大学机械工程学院激光技术研究所进行，根据实验要求搭建了实验平台，其实验装置及其设备如图 3.1、图 3.2 所示。图 3.1 所示脉冲激光经过扩束装置聚焦在水中，击穿水形成空泡，空泡在固壁面附近运动释放冲击波，由高速摄像机拍摄得到空泡脉动系列图像，由水听器测得水下声信号，进而转化成电信号。图 3.2 中主要分为以下几个单元：激光发生单元、激光器控制单元、工作平台单元及其附属设备。

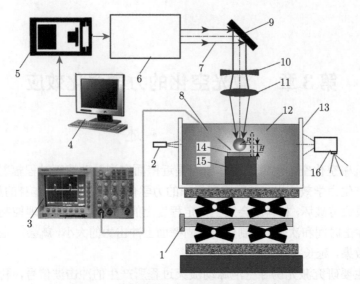

图 3.1   激光诱导空化水下声压实验示意图

1. 工作台; 2. 灯光; 3. 示波器; 4. 计算机; 5. 控制柜; 6. 纳秒激光器; 7. 激光束; 8. 水听器; 9. 反射镜;
10. 扩束器; 11. 聚焦透镜; 12. 液体 (水); 13. 水槽; 14. 试样; 15. 垫块; 16. 高速摄像机

图 3.2   激光诱导空化水下声压实验装置实物图

　　实验所采用的激光器为北京 Beamtech 光电技术有限公司生产的 SGR 系列的 Nd：YAG 脉冲固体激光器，激光器的主机由外壳、电源和水冷系统组成，其主体部分主要由非线性晶体、激光晶体、本振、泵浦和放大脉冲氙灯等元器件组成。其实物如图 3.3 所示，性能参数如表 3.1 所示。系统之所以采用小功率的激光器，是因为大功率激光器激发能量远远大于水的击穿阈值，导致激光穿过水直接作用在靶材表面，而不会诱导出空泡，而小功率激光器参数可调可控[4]。

图 3.3 SGR-10 型脉冲激光器外形和内部结构图

表 3.1 SGR 脉冲激光器主要性能参数

激光波长/nm	光斑直径/mm	单脉冲能量/J	重复频率/Hz	脉宽/ns	发散角/mrad
1064	1~9	0~1	10	10	≤ 0.7

高速摄像机采用西努光学 i-SPEED716 型摄像机, 其拍摄帧数为 2×10^5 帧/s, 最大分辨率为 128×128。背景光源采用激光灯等单色光源, 可滤除其他杂光, 具有足够的光强, 可使气泡边缘清晰, 冲击波轮廓明显。其中, 倘若采用未加扩束镜的平顶光束, 所诱导的空泡会呈现带状分布, 如图 3.4 所示, 这显然不利于实验的研究。采用 K9 玻璃制造的水槽, 一方面其具有良好的透光性, 有利于高速摄像机的清晰成像; 另一方面它的耐冲击性能够承受来自激光的剧烈冲击[5]。

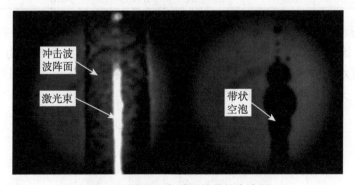

图 3.4 平顶光束诱导的带状空泡图

3.2.2 水听器探测原理

水听器是探测声波声场的重要工具, 它的工作原理是利用水下的压电效应将接收到的力学信号转换为电信号输出。它可以在声场影响限度最小的情况下, 对声场的时间域和空间域上的参数进行测量。水听器的种类有很多,其中按其工作原理可分为:压电陶瓷式、磁致伸缩式、探针式以及薄膜式等。判断一个水听器是否合格,其首要条件在于所测声场的声压值与其输出的电信号是否呈线性关系,换句话说就是要保证水听器的固有频率不对所测声场信号有干扰,并且输出的波形图绝对不失真。

每一个水听器都会有一个灵敏度 M_L。不同的水听器其灵敏度也不尽相同,它是用来反映水听器所测声压和输出电压之间关系的因子,并将之定义为[6]

$$M_L = \frac{V}{P} \tag{3.1}$$

式中:V 代表经过放大器调制后的电压幅值,单位是 V;P 代表自由场中的声压,单位是 MPa。

在水听器的另一端一般直接会连接着示波器,或者经信号放大器放大后再与示波器相连。示波器是将转换的电压信号输出在终端上的一种信号分析设备,供用户直接读取每个声信号对应的电压值。本实验要求水听器具有很宽的带宽、光滑的响应曲线,故所用的水听器采用中国科学院声学研究所研制的 NCS-1 型探针式水听器,该水听器的核心敏感元件是 PVDF(高分子聚合物聚偏氟乙烯) 压电薄膜,其直径是 0.8mm,厚度为 25μm。NCS-1 型探针式水听器的性能参数如表 3.2 所示。

表 3.2　NCS-1 型水听器的性能参数

参考灵敏度 M_L/(nV/Pa)	自由场灵敏度 m/dB	线性响应频率 f/MHz	响应时间 T/ns	不确定度校准 /%	转换效率 α/%
⩾ 10	205	0.5~15	10~50	0~10	10

同时与水听器相连的示波器采用美国 Tektronix 公司生产的 DL9140 型号的数字示波器,该型号示波器的主要参数有:高达 1GHz 的带宽,采样率为 5GS/s。

在放置水听器时需要注意的是,水听器距离试样大约 5mm,而且与激光入射方向成 45° 夹角。其位置如图 3.5 所示。

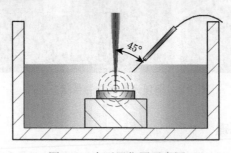

图 3.5　水听器位置示意图

3.3 多参数脉冲激光实验对比分析

3.3.1 声压信号对比分析

声压信号探测系统搭建好后，开始进行对比实验。在实验的过程中，发现激光束的中心线与靶材作用平面存在着两种不同的方向：①激光束的中心线垂直于靶材表面；②激光束的中心线平行于靶材表面。如图 3.6 所示。

利用上述水听器可对两种方向下的声压信号进行采集和处理，并通过示波器将处理后的波形图展示出来。结果表明，在相同的条件下这两种不同的方向所采集的声压信号是有差别的，它们的波峰值不尽相同。由此可以得出这两种方向对水下靶材的力学效应也是不同的。

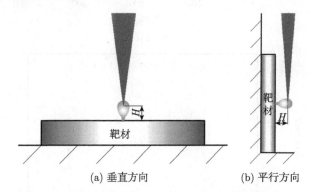

(a) 垂直方向   (b) 平行方向

图 3.6 激光束的中心线与靶材作用平面的两种不同方向

如图 3.7 所示，在相同的参数下，即保持激光脉冲能量 E、脉冲宽度 τ、激光波长 λ、脉冲频率 f、焦点与靶材之间的距离 H 等激光参数都相同的情况下 ($E=100\text{mJ}$, $\tau=10\text{ns}$, $\lambda=1064\text{nm}$, $f=1\text{Hz}$, $H=1\text{mm}$)，激光冲击一次后，光束中心线与靶材作用表面的两种不同方向下所采集的声压信号图。为了排除作用过程中反射波对实验的干扰，在保持其他条件不变的情况下排出水槽里的水，使激光与靶材完全暴露在空气中并发生作用，这样示波器的显示只存在一个波峰。图 3.7(a)是典型的水下激光诱导空泡的冲击波信号图，图中存在着两个波峰，分别对应着波峰 1 和波峰 2。之所以会出现两个峰值是因为首先脉冲激光在水下聚焦，其能量超过了水的击穿阈值，产生了等离子体冲击波，被水听器捕捉到，形成一个波峰；其次由于激光诱导空泡在第一次脉动过程中会发生溃灭回弹，这一过程也会向外辐射压力冲击波，便会在示波器上显示第二个波峰[7,8]。由于空泡在后续发生的若干次脉动溃灭直至消失所辐射的冲击波信号极其微弱，超出了水听器灵敏度的测量范围，所以无法捕捉到这些声压冲击波，这也是只出现两次波峰的原因。另外除了图中出现的两个典型的波峰外，还存在着若干个粗糙的小波峰，那是周围实验环境的噪声导致的，对实验结果的影响很小，属于正常现象，可忽略不计。

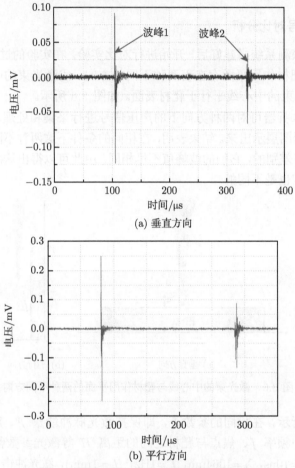

图 3.7　相同参数不同方向下的冲击波信号图

　　对比图 3.7(a)、(b) 可知，在相同的参数条件下，激光入射方向与靶材表面分别呈平行和垂直时，其对应的冲击波波峰峰值分别是 $U_a = 0.09+0.03 = 0.12\text{mV}$，$U_b = 0.25 + 0.09 = 0.34\text{mV}$，因此 $U_a < U_b$。出现该现象的猜想如下：由于激光束与靶材表面平行，聚焦镜较小的焦距导致靶材阻挡到了一部分激光，激光能量出现一定程度上的损耗，使得激光未能呈完整锥形在水中聚焦并与之发生作用。在相同的条件下，到达水中的激光能量会明显小于垂直状态，导致其空化程度较弱，辐射的冲击波能量也就相对较小，因此水听器捕捉到的波峰峰值随之变小，即 $U_a < U_b$。这进一步说明了垂直方向下靶材受到的力作用要大于平行方向，更加有利于材料的空化强化作用。

3.3.2 靶材作用对比分析

为了进一步验证上文中提到的两种方向下对靶材空化效果促进程度的猜想，本节从比较直观的角度 (即作用后靶材的表面形貌) 出发，根据作用效果试图找到最佳的作用方向，为后面的实验做铺垫。以 2A02 铝合金作为靶材，因其材料质地较软，对作用在其表面的不同方式较为敏感，因此可以用来判别作用后的不同效果。首先用 SiC 砂纸 (150~1200#) 由粗到细依次对试样铝合金表面进行打磨，接着使用抛光机对打磨的表面进行抛光，使其表面光滑，最后将其置于含有丙酮溶液的超声波清洗机中加以清洗，目的是清除黏附在试样表面的油污等杂质。2A02 铝合金的化学成分如表 3.3 所示，在室温下的力学性能参数如表 3.4 所示。

表 3.3　2A02 铝合金的化学成分　　　　　　　　(单位: %)

Cu	Mg	Mn	Si	Fe	Ti	Be	Cr	Zn	Al
2.6~3.2	2.0~2.4	0.45~0.7	⩽ 0.3	⩽ 0.3	⩽ 0.15	0.05	0.05	⩽ 0.1	余量

材料的预处理完成后，采用 OLYMPUS-DSX500 系列光学数码显微镜观察作用后试样的表面形貌，装置如图 3.8 所示。

表 3.4　2A02 铝合金的力学性能

材料	抗拉强度 σ_b/MPa	屈服强度 $\sigma_{0.2}$/MPa	伸长率 δ_5/%
2A02 铝合金	⩾ 430	280	⩾ 10

图 3.8　OLYMPUS-DSX500 光学显微镜

按照上节的实验步骤进行后，将以 2A02 为靶材的试样取出，利用光学数码显微镜分别测量了不同方向下两个作用点的二维及三维形貌，如图 3.9 所示。

由图 3.9 可以明显地看出作用区域的形貌特征：两种情况下材料表面形貌都产生了不同程度上的变形，并在周围伴随着熔渣的产生。之所以会改变材料的表面形貌，主要原因是激光诱导的空化强化产生的冲击波和高速微射流在材料表面造成了相对集中的冲击载荷，这种集中的作用使表层材料产生塑性变形，宏观上表现出微凹坑的状态。从直观上来看，图 3.9(b) 的作用影响区域面积和作用效果都明显大于图 3.9(a)。在图 3.9(b) 中可以明显看出微型凹坑，并在附近形成熔渣；而图 3.9(a) 则作用很不明显。另外从图 3.9(c)、(d) 的三维图可以看出两者作用区域深度分别是 2μm 和 12μm，显然垂直方向下的作用深度大于平行方向下的深度，其抗疲劳磨损和抗应力腐蚀性能也随之相应变高。因此可以得出结论：图 3.9(b) 的空化效果要优于图 3.9(a)。分析出现该现象的原因如下：虽然从理论上来说，这两种情况下都是可行的；但是在实际操作的时候以及实验设备的限制，保持激光的入射方向与靶材平行，激光束在固壁面聚焦，会存在一部分的激光被靶材所遮挡，导致聚焦在水中的激光未呈现完整锥形，因而到达靶材表面的激光能量存在着一部分损耗，实验中观察到的空泡很小甚至激光能量未达到水的击穿阈值而未产生空化效应，因而其诱导空化泡溃灭时的冲击波和微射流较小，宏观表现在试样表面的作用效果上要弱于垂直状态。因此可以得出结论：垂直方向下的作用效果要明显优于平行方向。而这也正好验证了上文猜想的正确性，在后续的实验中便可以采用该方向进行激光诱导空化强化的实验。

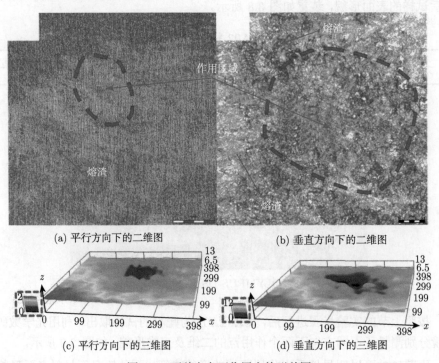

(a) 平行方向下的二维图   (b) 垂直方向下的二维图

(c) 平行方向下的三维图   (d) 垂直方向下的三维图

图 3.9   两种方向下作用点的形貌图

3.4 激光脉冲能量对声压信号的影响

3.4.1 声压信号与力学效应转换关系

在水听器捕捉的冲击波声压信号与冲击波对靶材的力学效应之间有着一定的等量关系，即[9]

$$m\,(\mathrm{dB}) = 20\lg\frac{M}{M_0} \tag{3.2}$$

式中：m 表示自由场灵敏度，单位为分贝 (dB)；M_0 表示参考声压灵敏度；M 表示实际声压灵敏度，单位为 V/Pa。

根据水听器的性能参数 m 和 M_0 可以得出 M。再根据公式[9]

$$P = \frac{U}{\alpha M} \tag{3.3}$$

式中：P 为压力波的压强，单位为 MPa；U 为电压，单位为 mV；α 为水听器转换效率。从声压信号图上读出波峰对应的应力值 U 以及水听器的转换效率 α，即可算出激光诱导的水下冲击波对靶材表面作用的压强。将计算出来的压强与靶材本身的屈服强度 $\sigma_{0.2}$ 进行对比，即可得出该力学效应是否使得靶材表面发生了塑性变形，产生的残余压应力可以证明对材料表面起到了强化作用。

根据表 3.2 可知所用的 NCS-1 型探针式水听器的自由场灵敏度 m、参考声压灵敏度 M_0、转换效率 α。根据波形图读出其最大峰值 U，将这四个参数分别代入公式 (3.2) 和式 (3.3)，联立方程组可以解得在该条件下的压力波压强 P。再根据表3.4 查得 2A02 的屈服强度 $\sigma_{0.2}$ 为 280MPa。将 P 与 $\sigma_{0.2}$ 进行对比，倘若 $P \geqslant \sigma_{0.2}$，那么我们可以得出结论：在该条件下激光诱导水下冲击波对靶材的力学效应在靶材表面产生了塑性变形，产生了残余压应力，对材料表面起到了一定程度上的强化效果。

3.4.2 激光能量与靶材作用力的关系

本节将从作用力的角度出发，探究激光诱导空化强化程度与激光能量之间的关系。在保持激光脉冲宽度 τ、激光波长 λ、脉冲频率 f、焦点与靶材之间的距离 $H(0$ 和 1mm) 都不变的情况下，改变激光能量 E 分别为 100mJ、200mJ、300mJ、400mJ、500mJ，冲击次数为 1。激光入射方向与靶材表面保持垂直，利用水听器探测不同能量下的冲击波信号，并记录下其峰值 (单位：mV)，再根据转换式 (3.2)、式 (3.3) 将声压值转换成力值 (单位：MPa)。最终其对应的关系曲线如图 3.10 所示。

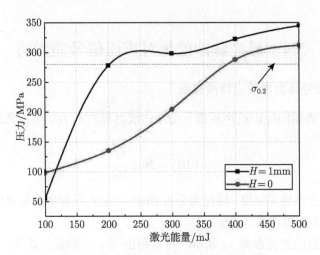

图 3.10   激光能量与压力对应关系曲线图

从图 3.10 可以看出, 激光能量与靶材表面作用力的关系曲线整体呈现上升趋势, 压力随着能量的增大而增大。图中虚线水平线位置为 2A02 铝合金的屈服强度 $\sigma_{0.2} = 280\mathrm{MPa}$。首先探究在无空化效应情况下 (即 $H = 0$) 时二者之间的关系, 这种情况下激光透过水层直接作用在靶材表面, 此时水层相当于约束层的作用, 该作用类似于激光冲击。该情况下的作用力换算公式如下[10]:

$$P = 0.01\sqrt{\frac{\alpha}{2\alpha + 3}}\sqrt{Z}\sqrt{I_0} \tag{3.4}$$

式中: P 为激光冲击波峰值压力 (单位: GPa); α 为金属材料热扩散系数 (此处取 $\alpha = 0.2$); Z 为金属材料与透明约束层的合成冲击波阻抗 (单位: g/(cm$^2\cdot$s)); I_0 为激光功率密度 (单位: GW/cm^2); 其中[10]

$$\frac{2}{Z} = \frac{1}{Z_1} + \frac{1}{Z_2} \tag{3.5}$$

式中: Z_1 为透明约束层对冲击波的阻抗; Z_2 为金属材料对冲击波的阻抗。

$$I_0 = \frac{4E}{\pi d^2 \tau} \tag{3.6}$$

式中: E 为激光能量 (单位: J); d 为光斑半径 (单位: cm); τ 为脉冲宽度 (单位: ns)。

由于少了空化效应时的冲击波和微射流, 因此水听器只捕捉到了一个波峰, 即激光冲击等离子体诱导的冲击波。根据式 (3.4)~ 式 (3.6) 测得该情况下的冲击波转换压力是随着激光能量的增大而增大, 当激光能量达到 400mJ 时, 此时的压力是大于靶材的屈服强度 $\sigma_{0.2}$ 的。接着又在 $H = 1\mathrm{mm}$ 的情况下进行了测量, 该情况下, 激光焦点和靶材表面之间存在着一层薄薄的水层, 足以在近壁面诱导出空化泡并进行充分的脉动至溃灭释放出冲击波和微射流,因此在水听器上可以捕捉到两个波峰。该情况下的转换压力同样也是随着激光能量的增大而增大,当激光能量达到 200mJ 时,压力便可以达到 $\sigma_{0.2} = 280$MPa。正是由于激光诱导空化的冲击波和高速微射流的双重作用,作用在靶材表面的压力在激光能量较小时就能达到靶材的屈服强度。因此可以得出结论:对 2A02 铝合金材料而言,激光诱导空化在其表面的作用力是随着激光能量的增大而增大;并且激光能量存在着一个强化临界值,如果超过这个临界值,那么在材料表面会产生残余压应力,造成塑性变形,晶粒得到细化,材料整体得到了强化。

3.5 本 章 小 结

本章主要通过实验研究了激光诱导水下空泡对靶材的力学效应,利用压电传感器——水听器,将水下的声压信号转化为电信号,通过相关的转换公式定性地确定冲击波对靶材的力学效应,进而将得出来的力与材料本身的屈服强度进行对比,从侧面反映出材料的被强化程度。本章以 2A02 铝合金为例,研究了激光能量对力学效果的影响。实验结果表明,靶材表面的作用力随着激光能量的增大而增大,这也验证了激光诱导空化技术的有效性和合理性。

参 考 文 献

[1] 偶国富, 周永芳, 郑智剑, 等. 空蚀机理的研究综述 [J]. 液压与气动, 2012, (4): 3-8.

[2] Soyama H, Kikuchi T, Nishikawa M, et al. Introduction of compressive residual stress into stainless steel by employing a cavitating jet in air[J]. Surface and Coatings Technology, 2011, 205(10): 3167-3174.

[3] Ren X D, He H, Tong Y Q, et al. Experimental investigation on dynamic characteristics and strengthening mechanism of laser-induced cavitation bubbles[J]. Ultrasonics Sonochemistry, 2016, 32: 218-223.

[4] 曾柏文. 激光空化微纳制造机理的数值及实验研究 [D]. 广州: 广东工业大学, 2016.

[5] 贾俊阳. 超精密玻璃抛光技术研究 [D]. 广州: 东华大学, 2016.

[6] 宗思光, 王江安. 空中对水下平台激光声通信技术的探讨 [J]. 上海: 电光与控制, 2009, 16(10): 75-79.

[7] 宗思光, 王江安. 不同黏性液体激光击穿声辐射特性研究 [J]. 应用激光, 2009, 29(1): 29-33.

[8] 宗思光, 王江安, 王雨虹, 等. 高功率激光空化气泡声辐射特性研究 [J]. 激光与红外, 2008, 38(8): 757-761.

[9] 张文涛, 李芳. 光纤激光水听器研究进展 [J]. 集成技术, 2015, (6): 1-14.

[10] Fabbro R, Fournier J, Ballard P, et al. Physical study of laser-produced plasma in confined geometry[J]. Journal of Applied Physics, 1990, 68(2): 775-784.

第4章 激光空化仿真研究

4.1 概　述

前三章以激光诱导等离子体空泡动力学作为出发点,系统解释了空泡脉动过程中不断生长、收缩并最终溃灭的整个过程的动力学特性,为空化的应用和推广提供更加扎实的理论基础[1]。利用激光在液体介质中的空化现象对材料进行改性强化,这在理论上是完全可以实现的。当空化泡在固液交界面附近运动时,由于空泡两侧的压力差,空化泡会进一步产生趋壁运动,在空泡运动过程中不断向壁面靠近,在空泡脉动溃灭过程中伴随着冲击波和水射流作用,对材料表面形成力学作用[2,3],理论上解释了如何使用空化对材料进行强化的最根本的原理。

本章仿真理论研究单一激光空泡动力学特性及其对材料表面产生的强化作用。随着近几年计算流体动力学技术的发展,采用数值模拟法来研究空泡脉动、溃灭的过程越来越成为主导。本章利用模拟软件来仿真模拟空泡在固壁面附近的膨胀、脉动和溃灭过程,采用 FLUENT 软件中的 VOF 多相流模型和全空化模型来获取空泡整个脉动过程气液两相分界面的动态变化序列图,通过求解质量连续方程、Navier-Stokes 方程和界面方程来研究空泡溃灭时产生的微射流现象,并探究了微射流的产生机理。仿真模拟的结果与 Vogel 等[4]的研究结果非常吻合,为解决困扰水利工程的空化空蚀问题提供了一个新的研究方向,也为进一步研究激光空泡的强化机理提供了理论参考。

4.2　近壁面空泡脉动模拟研究

4.2.1　模型建立与边界条件设置

当高功率激光通过扩束整形再聚焦照射到液体介质中时,球形空泡将在激光束焦点处产生,随后,空泡将在液体介质流场中周期性振荡演变,直至最后溃灭消失[5]。若空泡在近固壁面附近溃灭时,还将产生空泡射流现象。所以本章将以 GAMBIT 软件为基础,建立激光空泡二维数值计算模型,来仿真模拟动态演变特性及微射流产生条件。激光空泡的计算模型依据图 4.1 给出的产生激光空泡的实验装置示意图来建立,图中 R 和 H 分别代表空泡的半径和空泡泡心到试样表面的距离,并令 $\gamma = H/R_{\max}$,γ 为空泡泡心到固壁面的距离与空泡最大半径的无量纲比值[6]。

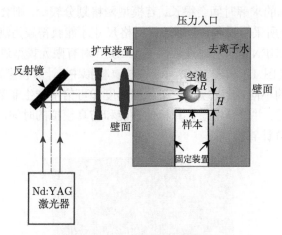

图 4.1　激光诱导空泡示意图

　　为了减少计算模型的网格数量、节省计算机内存，同时也为了得到更逼真的空泡动态演变序列图，建模时将对图 4.1 所示的水槽模型进行优化处理，并取计算模型的长×宽为 40mm×25mm，且设定试样的宽度和固定装置的长度分别为 5mm 和 15mm。为进一步分析空泡的生长、发展及溃灭的机制，仿真模拟过程中将设定三个不同的泡壁间隔距离来分析研究其对空泡动态演变及空泡溃灭微射流的影响，即分别将图 4.1 中的 H 赋值为 1.5mm、1.3mm 和 1mm，同时将模拟中空泡具有最大半径设定为 1mm，即相对距离参数 γ 分别取值为 1.5、1.3 和 1。图 4.2 也给出了空泡在 $H=1.5$mm 即 $\gamma=1.5$ 时的初始状态图。

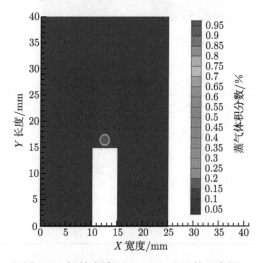

图 4.2　初始空泡 $H=1.5$mm 处的示意图

数值分析结果与网格尺寸大小关系密切，网格越细化，模拟得到的结果越接近真实解，但计算机的求解时间会很长；若模型网格划分较疏，则会导致分析结果不准确。因此，结合所采用设备，合理选择网格尺寸才能获得较为满意的结果。仿真模拟模型采用 FLUENT 的前处理软件 GAMBIT 对有限元模型进行网格划分及设定其边界条件，如图 4.3 和表 4.1 所示。在仿真模拟中，计算模型网格划分的类型、粗细及精度选择的不同，会对模拟结果的准确度和可信度产生非常大的影响。本章结合所研究的问题，并综合考虑计算机的性能和仿真模拟的时间，确定采用结构化四边形网格来划分计算模型。

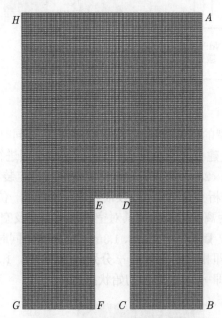

图 4.3　有限元模型的网格划分

表 4.1　仿真模型的边界设置

边界	长度/mm	边界名称	边界类型
AB	40	壁面	壁面
BC	10	壁面	壁面
CD	15	夹具	壁面
DE	5	测试样本	壁面
EF	15	夹具	壁面
FG	10	壁面	壁面
HG	40	壁面	壁面
AH	25	入口	压力入口

二维模型图中 AB、BC、FG、HG 指示的边界代表水槽的壁面，DE 边界表

示试样的表面，EF、CD 分别代表试样夹具，AH 为模拟实验中水槽内部的液体与外界大气的交界面；各边界的长度、边界名称及边界类型如表 4.1 所示。

4.2.2 湍流模型及参数设置

湍流流动是自然界中非常普遍的流动现象，处于湍流状态的流动流体在实际工程问题中也屡见不鲜。但是无论多么复杂的湍流运动，其瞬时运动依然可以采用非稳态的质量连续方程和 Navier-Stokes 方程来解决。不可压流体流动的质量连续方程和湍流瞬时 Navier-Stokes 控制方程可简述如下：

质量连续方程[6]：

$$\frac{\partial \rho}{\partial t} + \mathrm{div}\,(\rho \boldsymbol{u}) = 0 \tag{4.1}$$

Naiver-Stokes 方程[6]：

$$\mathrm{div}\,\boldsymbol{u} = 0 \tag{4.2}$$

$$\frac{\partial u}{\partial t} + \mathrm{div}\,(u\boldsymbol{u}) = -\frac{1}{\rho}\frac{\partial p}{\partial x} + \mu \mathrm{div}\,(\mathrm{grad}\,u) \tag{4.3}$$

$$\frac{\partial v}{\partial t} + \mathrm{div}\,(v\boldsymbol{u}) = -\frac{1}{\rho}\frac{\partial p}{\partial y} + \mu \mathrm{div}\,(\mathrm{grad}\,v) \tag{4.4}$$

$$\frac{\partial w}{\partial t} + \mathrm{div}\,(w\boldsymbol{u}) = -\frac{1}{\rho}\frac{\partial p}{\partial z} + \mu \mathrm{div}\,(\mathrm{grad}\,w) \tag{4.5}$$

式中：ρ 为液体的密度；$\boldsymbol{u}$ 为液体的速度矢量；t 表示时间；u、v 和 w 分别是速度矢量 $\boldsymbol{u}$ 在 x、y 和 z 方向上的分量；μ 为液体的动力黏度。

在黏性模型中，本章选择了使用最广泛的标准化 k-ε 湍流模型，其湍动能 k 和耗散率 ε 的控制方程表达式如下[7]：

$$\frac{\partial}{\partial t}\,(\rho k) + \frac{\partial}{\partial x_i}\,(\rho k u_i) = \frac{\partial}{\partial x_j}\left[\left(\mu + \frac{\mu_t}{\sigma_k}\right)\frac{\partial k}{\partial x_j}\right] + G_k - \rho \varepsilon \tag{4.6}$$

$$\frac{\partial}{\partial t}\,(\rho \varepsilon) + \frac{\partial}{\partial x_i}\,(\rho \varepsilon u_i) = \frac{\partial}{\partial x_j}\left[\left(\mu + \frac{\mu_t}{\sigma_\varepsilon}\right)\frac{\partial \varepsilon}{\partial x_j}\right] + \frac{C_{1\varepsilon}}{k}\varepsilon G_k - C_{2\varepsilon}\rho \frac{\varepsilon^2}{k} \tag{4.7}$$

式中：湍流动力黏度 $\mu_t = C_\mu k^2/\varepsilon$，$C_\mu$ 为经验常数，取 0.09，其他模型常数 σ_k、σ_ε、$C_{2\varepsilon}$、$C_{1\varepsilon}$ 的取值分别为：σ_k =1.0、σ_ε =1.3，$C_{2\varepsilon}$ =1.92，$C_{1\varepsilon}$ =1.44。由于黏性模型中的三种模型都是针对湍流得到充分发展的流体流动建立起来的，即标准化 k-ε 模型、RNG k-ε 模型和 Realizable k-ε 模型都是针对高雷诺数 (Re) 的湍流计算模型，当研究近壁区内的液体流动时，由于液体的雷诺数较低，湍流不能得到充分发展，湍流脉动所产生的影响就可能不如分子黏性的影响作用大，从而在更靠近固壁面的底层里，流动流体就很可能处于层流状态，因此，在处理近壁面的流体空化流动计算时，通常要把壁面函数法融合到 k-ε 模型中。FLUENT 中内嵌了三种近壁面函数的处理方法, 有标准壁面函数法 (standard wall functions)、非平衡壁面函数法 (non-equilibrium wall functions) 和增强壁面函数法 (enhanced wall functions), 结合流场分布及研究的问题, 本章选择了对液体压力变化更加敏感的增强壁面函数法[8], 其表达式如下:

$$u^+ = e^{\Gamma} u_{\text{lam}}^+ e^{\frac{1}{\Gamma}} u_{\text{turb}}^+ \tag{4.8}$$

式中: $\Gamma = \dfrac{a(y^+)^4}{1 + by^+}$, $y^+ = \dfrac{\Delta y_P \left(C_\mu^{1/4} k_P^{1/2}\right)}{\mu}$, 且 k_P 是节点 P 的湍动能, Δy_P 为节点 P 到材料壁面的间隔距离; μ 为液体的动力黏度。

仿真模拟过程中, 激光将液体击穿形成空泡的过程将不在本章中考虑, 本章的主要目的是研究假定激光空泡已产生后的膨胀—压缩—膨胀直到溃灭的过程, 因此, 在 FLUENT 中的仿真模拟也将从空泡在液体流场中具有最大半径的阶段开始, 同时, 该阶段空泡内部也充满了假定的高温高压气体; 本章仿真模拟的关键就是如何把激光的能量转化为 FLUENT 软件可以识别的数据, 现将转化公式表述如下[9]:

激光热效应公式:

$$T_{\text{f}} = F(1 - R) / \left[\rho c (4k\tau_p)^{0.5}\right] + T_{\text{i}} \tag{4.9}$$

式中: T_{f}、T_{i} 表示试样表面激光作用前后的温度; R 是被作用靶材的表面反射率 (水取 0.6); c 表示被作用靶材的比热容 (取 4.2 J/(g·℃)); ρ 是被作用靶材的密度 (取 1.0 g/cm³); k 是发散率, 一般取 0.07cm²/s; τ_p 表示激光的脉宽 (10ns); F 表示激光的能量密度。所以当 T_{f} 已知的话, 空泡内部的能量和压强就可以从低马赫数时的空泡动力学特性公式获得。同时, 低马赫数时的空泡动力学特性公式[10]:

$$p_{\text{v}} = \rho_{\text{v}} B_{\text{v}} T_{\text{v}} \tag{4.10}$$

$$E_{\text{v}} = B_{\text{v}} T_{\text{v}} / (\gamma - 1) \tag{4.11}$$

式中: p_{v}、T_{v} 和 ρ_{v} 分别为空泡内部气体的压强、温度和气体密度, E_{v} 表示空泡的内能, $B_{\text{v}} = 458.9$ J/(kg·K) 是气体常数, 其中激光作用在水中时, $T_{\text{v}} \approx T_{\text{f}}$。

同时在空泡的界面采用 VOF 方法进行求解, 将界面看作物质面, 引入流体体积分数函数, $\alpha_q \rho_q$ 用来表示流体在网格中占据空间的比例, 达到界面跟踪的目的, 同时满足[10]:

$$\frac{\partial}{\partial t} (\alpha_q \rho_q) + \text{div} (\alpha_q \rho_q \boldsymbol{v}) = 0 \tag{4.12}$$

$$\sum_{q=1}^{2} \alpha_q = 1 \tag{4.13}$$

式中：下标 q 表示液体中不同的相；ρ 表示液体的密度；v 表示液体的速度。

同时，在仿真模拟时还要引入两个基本假设：①假定空泡周围流场的液体是不可压缩的；②忽略空泡内部气体与外流场液体的质量交换。

仿真模拟空泡的目的就是要获得空泡的动态演变过程及溃灭瞬间产生的微射流速度，所以需将 FLUENT 软件中求解器的类型设置为瞬态 (transient) 模式，并将由 GAMBIT 建立的网格模型以 mesh 格式的文件导入 FLUENT 软件中，检查网格质量是否合格，同时将软件的计算模拟单位由 m 改为 mm；然后选择多相流模型中的 VOF 模型，其他选项保持默认，仿真模拟过程中通过求解 VOF 模型中的界面方程来获取空泡内气体体积的动态变化[11]。在 FLUENT Database 中选择水蒸气和水，并将液态水设置为主相，水蒸气设置为次相，同时在两相相互作用的选项中选择全空化模型；采用黏性模型中的标准 k-ε 模型，并勾选上该模型的曲率校正选项，以保证求解的精度，同时，将压力的求解设定为 PRESTO! 模式；采用 PISO 方法来求解压力和速度的耦合方程，软件的时间步长设定为固定模式并取 $t = 1 \times 10^{-5}$s。

4.2.3 模拟结果与分析

通过 FLUENT 软件仿真模拟获得了近固壁面激光空泡在三个不同位置处的动态脉动序列图，同时还记录了空泡在动态脉动过程中形状的演变过程，获得了空泡溃灭瞬间产生的微射流速度，并详细分析讨论了其产生机理。

图 4.4 中列出了三组数据中的两组激光空泡动态脉动序列图，因 H =1.3mm 的空泡脉动序列图与 H =1.5mm 距离下的激光空泡运动演变过程基本类似，但两组距离下空泡溃灭产生的微射流速度大不相同，微射流的问题将在下节详细分析讨论，本节将对模拟中激光空泡的动态演变过程及出现的现象加以分析和讨论，图 4.4 中的 t 即为模拟软件 FLUENT 中设定的固定时间步长。

模拟结果是将激光能量通过转化公式输入 FLUENT 软件中获得的。在实验中，当把激光汇聚到液体介质中来诱导产生空泡时，同时还将伴随冲击波的产生，而且当空泡溃灭时除产生微射流外，还将产生冲击波效应。两者是产生空蚀现象的两个主要机制，存在着相互竞争、此消彼长的关系，但当 γ 介于 0.4 和 1.5 之间时，微射流对固壁面的冲击作用较显著，而此时冲击波的作用便可以忽略[12]。所以本章将主要讨论在该范围内空泡射流对靶材产生的冲击作用，并讨论分析射流产生的机理。

通过图 4.4 空泡动态脉动序列图上角的矩形标记框中空泡内气体体积分数的变化，可以得到空泡在外流场中一直处于脉动状态的结论，且从图 4.4(a)(5t)→(7t)序列图中气体体积分数缓慢减小可知，由于空泡外流场中液体的压强大于空泡内的气体压强，空泡开始压缩；随着压缩阶段的进行，空泡内的压强逐渐增大，空泡

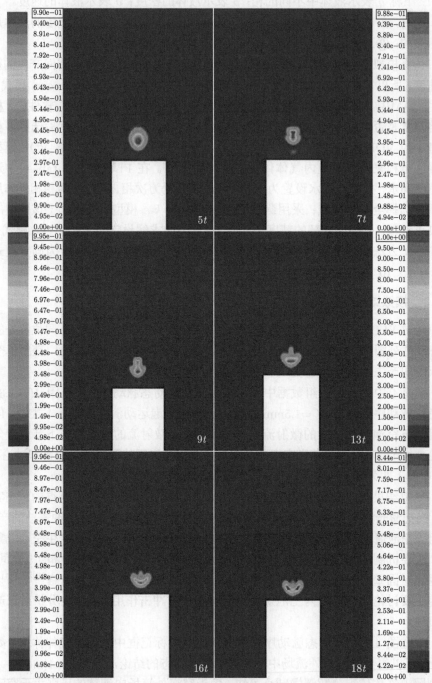

(a) $H=1.5\text{mm}$, $t=1\times10^{-5}\,\text{s}$。当时间从5$t$到7$t$，伴随着矩形标记的气体体积分数的减小，空泡处于膨胀阶段；当时间从9t增加到18t，空泡处于压缩阶段，此时，气体体积分数先增大后急剧减小

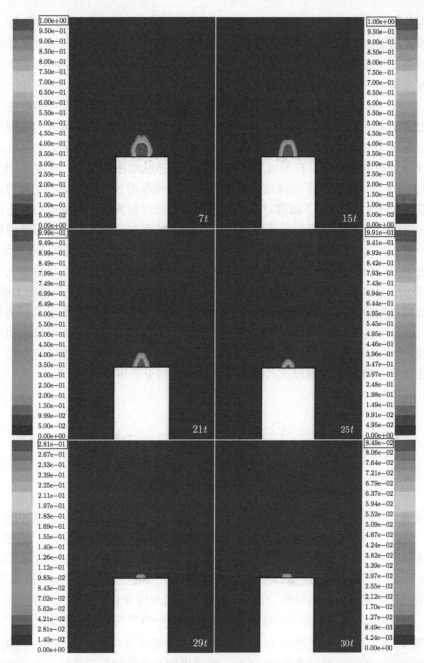

(b) $H=1\text{mm}$, $t=1\times10^{-5}$ s。在时间从$7t$增大到$30t$的过程中，空泡始终处于压缩阶段且无明显回弹现象

图 4.4　激光空泡的动态演变过程

内的部分蒸气和气体也逐渐慢慢扩散溶解于外流场液体中；随着时间的推移，当

空泡内的气体压强与外流场液体压强达到动态平衡时，空泡壁由于速度惯性还将进一步被压缩；从图 4.4(a)(9t)→(13t) 的序列图中可知，此时空泡内的气体体积分数开始由减小变为增加，空泡被压缩的强度也在逐渐减弱；随着空泡内气体压强的快速增加，空泡外壁速度逐渐变为零，空泡压缩将停止；然后，空泡开始回弹膨胀，压缩—膨胀—压缩，如此反复几个周期后，空泡最终将溃灭并伴随产生微射流，如图 4.4(a) 所示的近壁面空泡微射流。该模拟结果与陈笑等得到的近固壁面激光空泡脉动溃灭过程的结果非常吻合[13]。图 4.5 给出了激光空泡近壁面脉动溃灭形成微射流的示意图，在图 4.4 所有的空泡动态脉动序列图中，只有图 (b) 第三组 (H =1mm) 即空泡下边缘贴附在固壁面上的模拟图列没有明显的空泡射流产生；基于这个现象，本章下面将对试样近壁面产生空泡射流的基本机理进行分析和探讨。空泡射流产生与否的主要原因在于固壁面的存在导致了空泡壁上下表面速度不一致，图 4.5 计算模型中空泡下面假定试样的存在阻碍了空泡下边缘的运动，导致上下泡壁面速度的不平衡，同时引起空泡上下流体压力的变化，使空泡上下表面形成一个液体压力差，此压力差的出现将会在空泡上下壁面产生一个压力梯度，该压力梯度对空泡的作用相当于在空泡上产生了一个垂直于固壁面且指向固壁面的力，该力将 "推" 着空泡向固壁面方向做垂直平移运动；随着泡心平移运动速度的加快，空泡上壁面的运动速度将大大超过下壁面的运动速度，进而使空泡的上壁面形成一个 "凹穴"，空泡溃灭后期的速度矢量流线分布图如图 4.6 所示。

微射流

图 4.5　空泡近壁面的溃灭过程图[14]

　　紧接着，空泡周围的流体将涌向 "凹穴" 处，进一步加快泡心向固壁面的平移运动，最后，在这种 "相互促进" 的不平衡和附加液体冲量的作用下，空泡 "凹穴" 将被液体击穿，如果空泡没有贴附在固壁面上，此时就会形成一个射向固壁面的射流，如图 4.5 和图 4.6(a) 所示。相反，如果如图 4.6(b) 中空泡贴附于固体表面上时，由于泡心和固壁面的距离很近，空泡壁上下表面的速度变化相差不大，难以形成压力差，泡心的运动速度也很小，故不易使激光空泡形成射向固壁面的微射流[15-17]。

　　图 4.7 给出了激光空泡在 H =1mm，$\gamma = 1$ 参数下的完整动态演变序列图，画幅间隔 10μs。图 4.8 列出了由 Orthaber 等采用超高速摄像机拍摄的激光空泡在近弹性薄膜处的动态演变图列，画幅间隔也是 10μs[18]。对比两个实验结果可知，本章对 H =1mm($\gamma = 1$) 即空泡贴附在固壁面上的仿真模拟结果与 Orthaber 等的实验结果非常吻合。从两幅图中都可看出，由于固壁面的限制，空泡只能依附在壁面上

进行生长、发育、脉动及溃灭过程，在空泡溃灭后期，空泡顶部将出现"凹坑"，当空泡溃灭至最小尺寸时，"看不见的"空泡微射流已冲击到固壁面上，并推动泡心进一步向固壁面移动，最后在空泡的回弹阶段由上部泡壁凹穴"刺穿"近壁泡壁，分裂为两个小空泡继续在流场近壁面进行膨胀、回弹。从图中可知，两个小空泡贴附固壁面脉动数个周期后，最终也将溃灭消失在液体中。空泡整个脉动演变过程与在 $H = 1.5\text{mm}(\gamma = 1.5)$ 参数下的变化过程相比，该空泡形状变化缓慢，脉动周期延长，且无明显微射流现象的产生。此外该结果也从 Klaseboer[19] 和 Vogel[4] 等的实验研究结果中得到了证实。

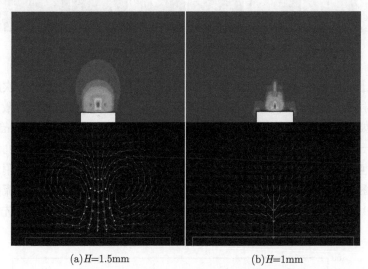

(a)H=1.5mm   (b)H=1mm

图 4.6   空泡溃灭时的速度及其速度矢量图

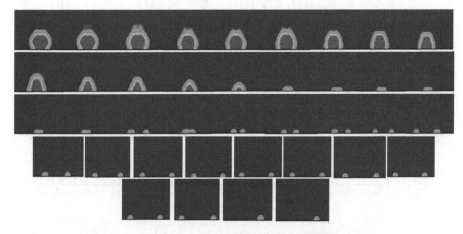

图 4.7 H =1mm，γ = 1 参数下的空泡动态演变序列图

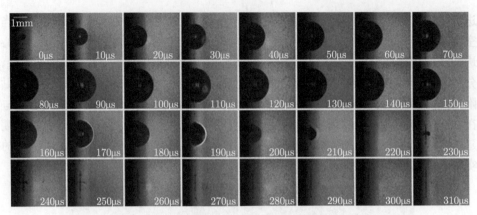

图 4.8   近弹性薄膜处的激光空泡动态演变图列[18]

通过上面模拟获得的空泡动态脉动图列中，还可以得到空泡第一次脉动周期与不同入射激光能量的关系。不同间隔距离下，空泡第一次脉动周期随激光能量的变化曲线如图 4.9 所示。从图中可以看出，当激光能量从零增加到 250mJ 的阶段，空泡的第一次脉动周期随激光能量增加的速率很快，当激光能量超过 250mJ 再增加时，空泡的第一次脉动周期随激光能量增加的速率变慢，在 500mJ 附近及其以后，曲线逐渐趋于水平。同样，通过上面的分析，也可以推断出空化射流的强度也将如图 4.9 所示曲线的变化趋势一样，随激光能量的增加，其增大速率先增大后趋于平稳。

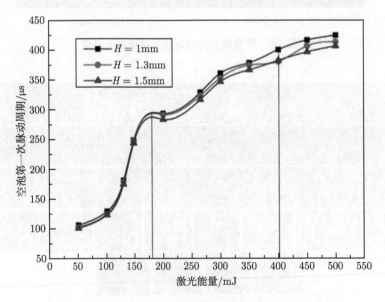

图 4.9   空泡第一次脉动周期随入射激光能量的变化曲线

在对空泡动态仿真模拟的过程中，还考虑了液体表面张力 σ 对空泡动力学特性的影响，在给定空泡半径的条件下，通过空泡运动的 Rayleigh 方程，给定一个表面张力系数就将有一个空泡脉动周期与之相对应。图 4.10 给出了在特定激光能量下，液体表面张力对不同泡径的空泡脉动周期的影响，从图中可以看出，在空泡膨胀阶段，在初始条件都不变的条件下，液体表面张力越大，空泡能够达到的最大半径越小，也即液体表面张力延缓了空泡的膨胀运动过程；而在空泡压缩 (闭合) 运动阶段，在所有初始条件都相同的情况下，液体表面张力越大，空泡所能达到的最小半径越小，也即液体表面张力加速了空泡的压缩运动。由此可以看出，液体表面张力的不同对空泡脉动回弹及溃灭有着很大的影响。

空泡射流的速度变化很大，当 H =1mm 时，由速度矢量图可以得到，其射流的速度可以达到 130m/s 左右，与这个速度相对应的水锤压力足以对大多数材料产生空蚀破坏，但从图 4.11 也可以看到，随着泡心到试样表面间隔距离的增大，射流的速度将大幅减小，当 H =1.5mm、1.3mm 时，其相对应的射流速度分别为10m/s、20m/s。

相应地，通过水锤压力公式，各溃灭射流速度所产生的冲击力就可以得到，水锤压力公式[20]：

$$P = v_j \rho_l c_l \rho_s c_s / (\rho_l c_l + \rho_s c_s) \tag{4.14}$$

式中：ρ_l、c_l 分别表示为液体的密度和液体中的声速；同样地，ρ_s、c_s 分别为靶材的密度和靶材中的声速；v_j 为空泡射流的速度；P 为空泡射流所产生的水锤冲击压力。表 4.2 给出了三个不同间隔距离下的空泡射流速度及其以 6061 铝合金为被作用靶材所得到的对应的水锤冲击力。

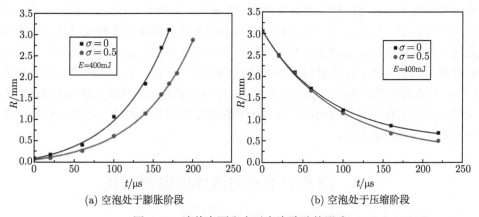

(a) 空泡处于膨胀阶段　　　　　　(b) 空泡处于压缩阶段

图 4.10　液体表面张力对空泡脉动的影响

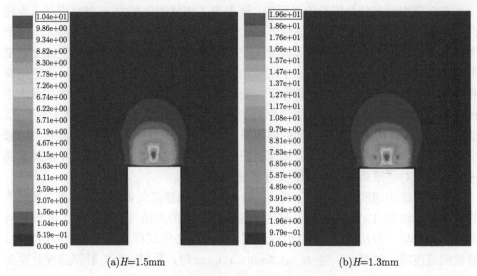

(a)H=1.5mm   (b)H=1.3mm

图 4.11   不同泡壁间隔距离下的微射流速度

表 4.2   以 6061 铝合金为靶材不同间隔距离下的微射流速度及其水锤冲击力[21]

间隔距高 H/mm	速度 V/(m/s)	冲击力 P/MPa
1	130	192.2
1.3	20	29.6
1.5	10	14.8

其中，6061 铝合金的密度和其中的声速分别为 $2.7 \times 10^3 \mathrm{kg/m^3}$、6300m/s，而且 6061 铝合金的屈服强度为 55.2～103MPa。将 6061 铝合金的屈服强度数值范围与表 4.2 中空泡射流所对应的水锤压力相比较可知，只有当 $H \leqslant 1$mm 时，激光空泡溃灭射流才可能对靶材如铝合金产生空蚀破坏，而当 $H =1.5$mm、1.3mm 时，两组所对应的空泡射流冲击力就可以被合理利用来对材料表面进行无损伤强化；因此通过合理调节和控制激光能量及空泡泡心到固壁面的距离，就可以利用空泡溃灭射流类似喷丸强化技术对材料表面进行强化改性处理，增加基材表面的残余压应力，有效提高基体表面的微动疲劳抗力，综合改善基体的机械性能；这同时也将为解决水利工程中空化空蚀问题提供一个新的研究方向，为空化泡强化机理的进一步研究提供理论支撑。

4.3 激光空泡不同液体近壁面仿真

4.3.1 模型建立与边界条件设置

在上一节内容中所探究的空泡脉动问题中，空泡发生所处的介质都是纯净水，但是实验发现在不同的介质中，空泡的脉动规律略有区别，所产生的射流等冲击力在相同的情况下是不同的，所以研究不同液体中空泡脉动就显得很有必要。利用与上一节类似的装置模型，主要研究不同液体环境下空泡的脉动，所以我们将数学模型进行适当的简化，只需画出一半的网格，使用 FLUENT 的前处理 ICEM-CFD建立二维模型，并进行网格的划分，如图 4.12 所示。

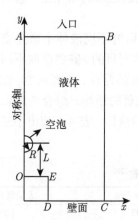

图 4.12 空泡的计算模型

图 4.13 仿真模型的网格划分

模型中的 AB、BC、CD 所组成的框代表水槽的壁面，其中 AB 为水槽内部的液体与外界大气的交界面；OE、ED 为试样，其中 OE 为试样的上表面；OA 为对称轴。各个边界的具体信息如表 4.3 所示。

表 4.3 计算模型的边界设置

边线	长度/mm	边界名称	边界类型
OA	17	轴	无
AB	10	入口	压力入口
BC	20	壁面	壁面
CD	7	壁面	壁面
DE	3	样本	壁面
OE	3	样本表面	壁面

在图 4.12 的计算模型中，R 为激光空泡的最大半径；L 为激光空泡中心与试样材料表面的距离；$\gamma = L/R_{\max}$，其中 γ 为无量纲参数，具体数值为激光空泡的泡心距试样表面的距离 L 与最大激光空泡半径 R 的比值。

在模拟开始时，给定激光空泡的最大半径 R 为 1mm，同时为了更加准确地比较不同液体中激光空泡溃灭时的参数，设定四组不同的 L 值，分别为 1.0mm、1.2mm、1.5mm 及 2.0mm，即 γ 分别为 1、1.2、1.5 和 2。

网格划分是进行仿真计算前重要的准备工作,网格质量的好坏很大程度上影响着仿真计算的结果。当网格划分很密时,网格的数量会急剧增多,此时对计算机的性能要求很高,同时也大大增加了计算机的求解时间;而当网格过分稀疏时,又会对仿真计算结果产生影响,导致发生错误。综合考虑各方面因素,确定在 ICEM-CFD 中采用结构化的四边形网格,并将生成的 mesh 文件导入 FLUENT 中,如图 4.13 所示,网格划分为尺寸为 0.1mm×0.1mm 的四边形的单元格,总共数目为 10 000 个,网格质量比较高。

围绕不同液体中激光空泡近壁面的仿真,主要研究不同液体中激光空泡的动态过程以及空泡溃灭时对固壁面的作用效果。为了达到目的,需要选取不同液体进行仿真计算。根据国内外学者们之前的研究表明液体的黏性、表面张力、饱和蒸气压对于空泡的整个动态过程和溃灭特征都有极其显著的影响。综合考虑以上因素以及实验的经济性,选择水、乙醇和硅油三种典型的液体。表 4.4 列出了三种液体在常温下的几项物理参数。

表 4.4   液体介质的物理参数[22]

液体	黏度/cP	饱和蒸气压/Pa	表面张力/Pa
水	1.002	2337.92	7.28
乙醇	1.2	5853.14	2.24
硅油	500	~0	2.10

由表 4.4 可以看出,三种液体都有自己显著的特征,同时又有明显的差异性。水的表面张力是三种液体中最大的,而黏度却是三种液体中最小的,饱和蒸气压处于乙醇和硅油之间;乙醇的饱和蒸气压最大,但表面张力和黏度处于水和硅油之间;硅油是一种聚合物,它的黏度与聚合度有很大的关联,变化区间很大,在三种液体中黏度最大,但同时硅油的表面张力和饱和蒸气压都最小。可见三种液体之间存在着明显的差异,这有助于区分不同因素对于激光空泡的影响。

4.3.2   模拟结果与分析

激光在液体中产生等离子空泡,空泡在液体中会经历一系列的膨胀、压缩、反弹的过程,即通常所说的脉动过程。前人学者对于空泡的脉动过程研究已经很透彻,包括整个空泡的脉动过程空泡尺寸的变化,表面张力、黏度、含气量等对于整个空泡脉动过程的影响,以及空泡脉动过程中产生冲击波的研究。本节在前人研究的基础上,着重研究激光空泡溃灭时的形态,以及空泡溃灭产生的高速射流及由此产生的压力。通过对比水、乙醇、硅油在不同无量纲常数下空泡溃灭时的形态,分析造成形态差异的原因,并对空泡溃灭时射流速度及产生的水锤压力的大小进行比较,确定黏度、表面张力及饱和蒸气压对射流速度影响的差异性,同时将得出的水锤压力与常用材料的屈服强度进行对比,从理论上验证利用激光空化强化材料的可能性。

图 4.14、图 4.15 和图 4.16 分别列出了水、乙醇和硅油在 $\gamma=0.4$、$\gamma=1.2(\gamma=1.5)$ 及 $\gamma=2$ 时空泡溃灭时的仿真图像，考虑到当 $\gamma=1.5$ 时空泡的溃灭形态与 $\gamma=1.2$ 时基本类似，这里就没有再单独展示出来。图中的空泡均处在固壁面附近。

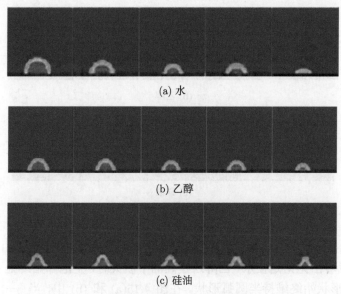

(a) 水

(b) 乙醇

(c) 硅油

图 4.14 空泡固壁面附近溃灭仿真结果 ($\gamma=0.4$)

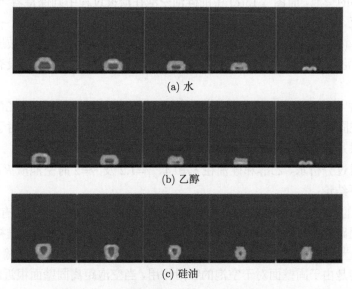

(a) 水

(b) 乙醇

(c) 硅油

图 4.15 空泡固壁面附近溃灭仿真结果 ($\gamma=1.2$)

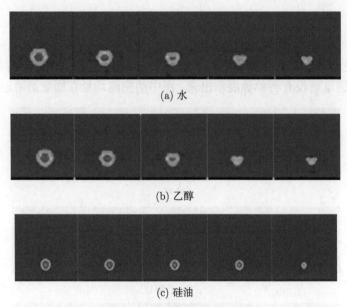

(a) 水

(b) 乙醇

(c) 硅油

图 4.16   空泡固壁面附近溃灭仿真结果 ($\gamma=2$)

图 4.14 显示了 $\gamma=0.4$ 时，水、乙醇和硅油中空泡溃灭时的图像，由图 4.14(a)、(b)、(c) 可以看出无论是在水、乙醇还是硅油中溃灭时，空泡都始终处于压缩状态，并且空泡的形状始终维持半圆弧形状。在图 4.15(a) 和 (b) 中，当 $\gamma=1.2$ 时，水空泡和乙醇空泡在溃灭初期均呈现扁平的形状，随后中间逐渐凹陷，最后直接溃灭形成两个更小的空泡，而图 4.15(c) 中的硅油空泡在溃灭过程中则保持着 "心" 形，直到最终溃灭，同时整个空泡壁上宽下窄，保持着良好的类圆形。而当 $\gamma=2$ 时，如图 4.16(a)、(b)、(c) 所示，可以看出水空泡和乙醇空泡在溃灭过程中被压缩成扁平状，同时空泡中间出现轻微凹陷，而硅油空泡始终保持着圆形，中间没有产生明显凹坑。

图 4.17 是宗思光、王江安等[23] 通过高速摄像机拍摄出的硅油、乙醇、水中的激光空泡在固壁面溃灭时的图像。通过对比实验和模拟的结果可知，对于激光空泡的仿真结果是符合实际情况的。

同时通过分析水、乙醇和硅油在 $\gamma=0.4$、$\gamma=1.2$ 及 $\gamma=2$ 时空泡溃灭的图像，可以得出以下结论：

(1) γ 的取值，即空泡与固壁面的距离对于整个空泡溃灭的形状有很大影响，当与固壁面距离很近时 ($\gamma=0.4$)，空泡能始终以半圆形状进行溃灭，维持形状的相对稳定；而当距离固壁面较远时 ($\gamma=1.2$，$\gamma=2$)，空泡则较难保持形状稳定。分析原因极有可能是由于固壁面对于空泡的吸附作用，当空泡距离固壁面很近时，空泡壁会很快被固壁面吸附，从而空泡的回弹幅度急剧减小，使得空泡在整个溃灭过程中的形状一直很稳定；而当空泡距离固壁面较远时，这种吸附的效果就大大减小，形状就难以维持稳定。

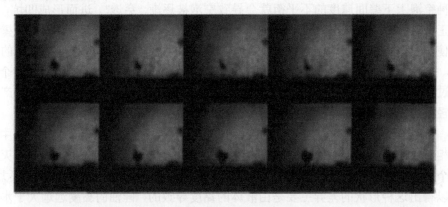

(a) 硅油，$\gamma = 1.15$

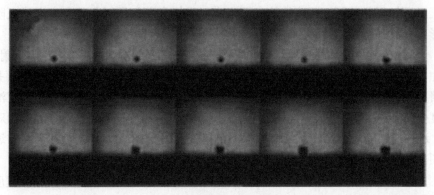

(b) 乙醇，$\gamma = 1.2$

(c) 水，$\gamma = 1.26$

图 4.17 激光空泡在固壁面附近的溃灭图[23]

(2) 当 $\gamma=1.2$ 时，无论是哪种液体中，空泡的中心均出现明显的凹陷，这是由于空泡接触固壁面后，靠近固壁面的空泡壁速度变小，而空泡上壁面的速度很大，这种空泡上下壁面速度的不平衡就会导致空泡被逐渐"穿透"，进而形成凹坑，这也正是射流产生的原因。当空泡距离固壁面很近时 ($\gamma=0.4$)，空泡整体附着在壁面上使得空泡上下表面的压力差很小，速度差也很小，就不易形成指向固壁面的射流，空泡表面也没有形成明显的凹坑。而当距离固壁面较远时 ($\gamma=2$)，空泡整个溃灭过程中受到固壁面的影响很小，空泡上下壁面的速度相对均衡，空泡表面只产生了轻微的凹陷，因而也可以推断这时空泡溃灭的射流速度也很小。

(3) 对比三种液体中空泡的溃灭过程，可以看出硅油空泡在整个溃灭过程中形状相对更稳定，而水和乙醇中的空泡在溃灭过程中的形状不稳定，甚至最终溃灭成两个更小的空泡。考虑到三种液体的物理性质 (黏度、饱和蒸气压以及表面张力)，可以得出这种形状的差异主要是由液体的黏度导致的，硅油的黏度远远大于水和乙醇，极大的黏度在空泡溃灭过程中十分有利于维持空泡壁整体的稳定，使空泡在溃灭时更加不易破裂。而液体的表面张力以及饱和蒸气压对于整个空泡溃灭阶段的形状并没有明显的影响。

当激光空泡在固壁面附近溃灭时，不仅会辐射出冲击波，还会产生溃灭射流，而在 FLUENT 仿真的环境中是无法准确还原冲击波的。因而本节的研究主要是空泡溃灭时的射流。当空泡在固壁面附近溃灭时，空泡接触固壁面后导致整个空泡的速度分布不均匀，靠近固壁面的空泡壁的速度小，远离固壁面的空泡壁速度相对较大，这种速度差最终形成了指向固壁面的射流。图 4.18 为水中空泡溃灭时的速度云图及矢量流线分布图。

从图 4.18 看出，当 $\gamma=0.4$ 时，水空泡溃灭时的作用于固壁面的射流速度只有 5m/s，射流速度相对比较小；当 $\gamma=1.2$ 时，空泡溃灭时作用于固壁面的射流速度增加到了 14.2m/s；当 $\gamma=1.5$ 时，空泡溃灭时作用于固壁面的射流速度进一步增大到了 23m/s；而当 $\gamma=2$ 时，空泡溃灭时作用于固壁面的射流速度却下降为 7.29m/s。因此可以推断不同的参数对于空泡最终溃灭时的射流速度会产生极大的影响。图 4.19 给出了水、乙醇和硅油在 FLUENT 仿真中得出的空泡溃灭时射流速度的大小。

为了尽可能地看出空泡溃灭时射流速度的变化趋势，在仿真过程中取了 5 组数据，分别是 $\gamma=0.4$、0.8、1.2、1.5 和 2.0。由图 4.19 看出当 γ 的值相同时，乙醇中的射流速度最大，水中次之，硅油中的射流速度最小；当 γ 逐渐增大时，三种液体中的射流速度都经历了先增大后减小的过程，同时当 $\gamma=1.5$ 时水、乙醇和硅油中的射流速度都达到最大值，其中水中的射流速度最大为 23m/s，乙醇中的射流速度最大为 25m/s，硅油中的射流速度最大为 11.4m/s。分析图 4.19 可以得出以下结论：

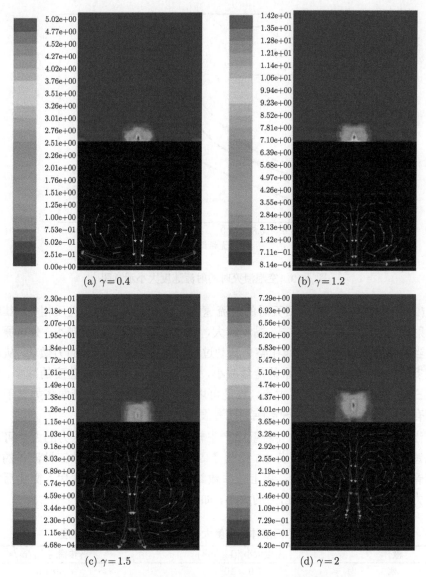

图 4.18 水中空泡溃灭时的速度云图及矢量流线分布图

(1) 空泡溃灭时的射流速度大小与无量纲常数 γ 有较大的相关性。原因是当 γ 很小时，空泡距离固壁面太近使得空泡上下壁的速度差很小，从而导致射流速度很小，这也与上文展示的空泡溃灭形状的结论一致；随着 γ 的逐渐增大，空泡上下壁的速度差变大，使得射流速度增大并逐渐达到最大值；而当 γ 过大时，空泡溃灭时距离固壁面过远，导致空泡溃灭时产生的射流在到达固壁面时严重衰减。

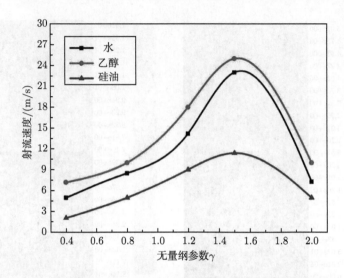

图 4.19   空泡溃灭时的射流速度大小示意图

(2) 当 γ 相同时，空泡溃灭时的射流速度大小与液体的物理性质相关。其中黏度对射流速度的影响尤为显著，黏度越大，空泡在溃灭时速度就越小，分析原因主要是当液体黏度很大时，空泡在整个脉动过程中将需要克服更大的力做功，从而消耗更多的能量，使得空泡剩余的能量减小，最终导致溃灭时射流速度的减小。同时对比三种液体中的射流速度大小，还是可以看出饱和蒸气压和表面张力对于射流速度有一定的影响，但是这种影响相比黏度的影响要小许多。

当射流作用在固壁面时会对壁面产生较高的压力，而这种压力的大小可以通过水锤压力公式计算得到。表 4.5 给出了 20℃时水、乙醇和硅油三种液体的密度及声音在三者中的传播速度。将上述参数结合模拟出的射流速度代入简化后的水锤压力公式，可以计算出冲击力的大小，如图 4.20 所示。

表 4.5   三种不同液体的密度大小及声音在其中的传播速度

液体	密度大小/(kg/m^3)	声音传播速度/(m/s)
水	1.0×10^3	1481.0
乙醇	0.79×10^3	1168.0
硅油	0.96×10^3	1055.0

由图 4.20 中可以看出空泡溃灭时产生的冲击压力在水、乙醇、硅油中的差异比较大，整体看来水中的冲击压力大于乙醇中的冲击压力，而硅油中的冲击压力值最小，同时可以看到水中最大的冲击压力大小为 34.1MPa，乙醇中最大的冲击压力大小为 23MPa，而硅油中最大的冲击压力仅为 11.5MPa。常用 2A02 铝合金的屈服强度大小为 280MPa，通过对比可以发现激光空泡所产生的射流冲击压力并不足以

对大部分金属材料表面产生空蚀破坏，相反如果将空泡产生的射流冲击压力作用在材料的表面时，还可以在材料表面产生残余压应力，提高材料的疲劳强度，达到改善材料的作用。通过控制无量纲常数大小来控制冲击压力的大小，并针对不同材料性质选择不同的液体，也为解决水力机械中的空蚀空化问题提供了一个新的研究思路[23]。

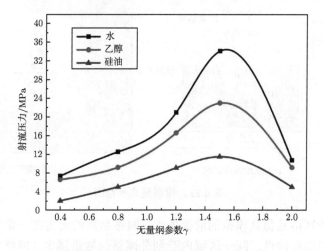

图 4.20 空泡溃灭时射流冲击压力的大小

但是在仿真中只考虑了激光空泡在溃灭时产生的射流，而在实际应用过程中，激光空泡溃灭过程中还会伴随着冲击波的作用，因此具体激光空化的作用效果还需要在下一章的实验中进行验证。

4.4 不同离焦量下的激光空化仿真

4.4.1 模型建立与边界条件设置

前两节的研究内容主要是探究液体介质中空泡的脉动规律，为了使激光诱导空泡空化强化技术能够更好地应用到实际中去，在已有研究结果的基础上，进一步探究其在提高材料抗空蚀性能中的影响。

如图 4.21(a) 所示为激光诱导空泡模型的示意图，与上述两节中的模型类似，为了降低仿真计算的工作量和时间，节约计算进程所占的运行、存储内存，在仿真模型建立时需要对水槽及其内部进行优化，优化后的仿真模型如图 4.21(b) 所示。以激光聚焦点为中心构建三维激光空化模型，选取水槽中心长×宽×高为 15mm×15mm×15mm 的计算区域，浸没在液体介质中的铸铁试样尺寸为 5mm× 5mm×3mm。空泡半径为 R，空泡位于试样表面上方 H 处，并将此距离定义为离

焦量 H，同时在仿真模拟研究中，将空泡最大半径 R_{max} 设定为 1mm，分别探讨空泡在不同距离 $H(0{\sim}2\text{mm})$ 下对试样产生的影响。

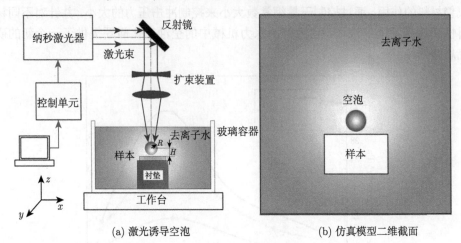

(a) 激光诱导空泡　　　　　　　　　(b) 仿真模型二维截面

图 4.21　模型建立示意图

高品质的网格是仿真模拟的前提条件，网格品质的优劣在一定程度上决定着数值仿真结果的精确性。同一区域内若划分网格的数量越多，网格越细，则需要花费越多的时间进行数值计算，同时也会间接地提高对计算机运行存储内存的要求；相反若划分网格的数量越少，网格越粗，则会大幅度降低仿真结果的准确性，甚至无法捕捉研究对象尺寸、形状、性能等变化特性。在仿真计算中，研究对象空泡的尺寸大约为 1mm，综合考虑计算机运算工作量及求解精度，因此确定采用结构化正交网格对流体域进行划分，同时对空泡初生及脉动区域的正交网格进行加密。具体网格划分方式如图 4.22(a) 所示，位于激光聚焦点至材料表面区域内采用尺寸为 0.1mm×0.1mm×0.1mm 的结构化正交网格，而在此外的区域采用 0.5mm×0.5mm×0.5mm 的结构化正交网格。

从图 4.22(b) 可以看出仿真模型二维截面的网格分布以及边界条件的设定情况，二维模型中的边分别与三维模型中的面对应，其中 BC、CD、DA 所在的面代表水槽不同的壁面，AB 所在的面为水槽中液体与空气的交界面，EF、FG、GH 及 HE 组成的长方形代表固定在液体中的试样，EF 为激光空化的作用表面，GH 为设定的固定面。各边界的尺寸、名称、类型及所处计算域如表 4.6 所示。

因二维截面不能完全代表三维模型，所以在模型中有一部分壁面及样本壁面边界未在表 4.6 中给出定义，其尺寸、类型等均分别与 BC、FG 所在面相同。而在进行仿真计算时还需考虑以下基本内容，即空泡周围液体介质需要假定为不可压缩流体；空泡在脉动过程中需要忽略壁内气体与壁外流体的质量交换。

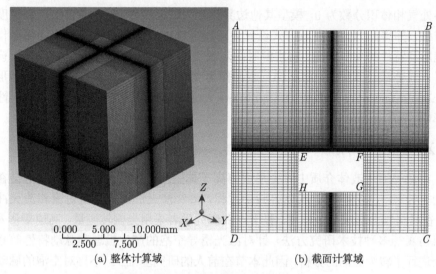

(a) 整体计算域   (b) 截面计算域

图 4.22 仿真模型网格划分示意图

表 4.6 仿真模型的边界选取

边线所在面	边线尺寸/mm	所在面名称	所在面类型	所在计算域
AB	15	入口	压力入口	流体
BC	15	壁面	壁面	流体
CD	15	壁面	壁面	流体
DA	15	壁面	壁面	流体
EF	5	样本	壁面	流体/固体
FG	3	样本壁面	壁面	流体/固体
GH	5	样本壁面	壁面	流体/固体
HE	3	样本壁面	壁面	流体/固体

    空泡溃灭对试样性能的作用影响可以理解为一种流固耦合的数值仿真过程，因此首先需要在 Workbench 软件中建立流体域仿真与静态结构分析之间的联系，两者采用同一个计算模型，而流体域的数值计算结果可直接作为初始条件导入静态结构分析中；结合激光诱导空泡实际模型建立尺寸形状合适的仿真计算模型，并依据仿真精度、运算速度等因素对计算模型进行网格划分，在流体域中划分网格前需要对固体域采取抑制 (suppress) 方式，不对其进行计算，在固体域划分网格前同样需要采取相应的方式；进入 FLUENT 软件，将其默认单位改为 mm，同时需要将求解器求解时间选项设定为瞬态 (transient) 模式；选用 VOF 两相流模型，勾选体积力 (body force) 公式，同时打开标准 k-ε 湍流模型，并在设置中勾选曲率修正选项；添加液态水及水蒸气两种材质，并将液态水设定为主要项，将水蒸气设定为次要项，开启 Zwart 空化模型及表面张力；设定模型上方表面为压力入口边界，入口

边界处气相体积分数为 0，模型其他边界设定为壁面边界；选用 PISO 压力速度耦合方法，并将压力空间离散方式设置为 PRESTO!；选取三维模型中间截面作为空泡脉动特性的观测截面，将求解时间步长设定为 10^{-6}s；调用静态结构分析模块并导入流体域计算结果，将试样下表面作为支撑面 (fixed support)，添加整体形变 (total deformation)、等效应力 (equivalent stress) 等模块观测空化作用对材料性能的影响[24]。

4.4.2　模拟结果与分析

将激光通入液体介质中时会形成等离子体空泡，随后诱导产生的空泡会在靶材上方经过一系列膨胀、压缩等脉动过程，最终溃灭形成高速微射流和溃灭冲击波，在材料表面造成冲击作用。鉴于许多研究学者采用光偏转测量、高速摄影及计算机仿真等多种技术研究方法，针对激光诱导空化的产生机理和脉动特性等理论已经进行了较为透彻的分析，因此本节在前人的研究基础上，不再对空泡的脉动特性进行阐述，而是着重讨论激光诱导形成的空泡的冲击特性以及对靶材形变、应力分布等性能的影响。在激光空化仿真过程中选取不同的离焦量参数进行对比分析，而当离焦量 H =0 时，激光能量会直接作用于试样表面，液体中也没有足够的空间等条件形成空泡，所以本节将从离焦量 $H > 0$ 时的情形入手进行详细的探讨和研究。

图 4.23 所示为两种离焦量下空泡的初始位置图，当 H 取值为 1mm 时，空泡半径与泡心距壁面的距离相同，空泡下泡壁已触碰到试样表面，处于此位置的空泡发生溃灭时，高速微射流的大部分能量会在极短时间内对材料造成冲击作用；而当离焦量 H =2mm 时，空泡泡心距材料壁面较远，空泡溃灭形成的高速微射流在到达试样之前会受中间液体的阻挡，对材料的作用效果也会大幅度削弱。

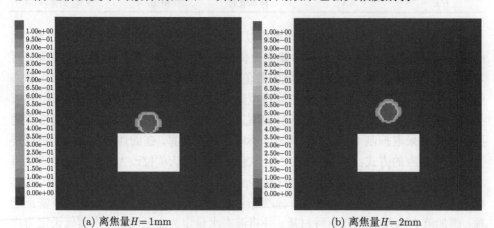

(a) 离焦量 H =1mm　　　　　　　　　　　(b) 离焦量 H =2mm

图 4.23　不同离焦量 H 下空泡初始位置示意图

在计算机的仿真计算过程中，对液体中的气液相比例以及高速微射流速度等参数进行跟踪观察，可以得到不同参数下空泡的完整脉动特性和微射流速度变化序列图。图 4.24 给出了两种不同离焦量条件下高速微射流到达试样壁面时的速度云图及其对应的矢量分布图。

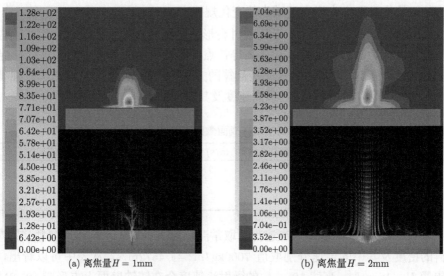

(a) 离焦量 $H = 1$mm   (b) 离焦量 $H = 2$mm

图 4.24 不同离焦量 H 下空泡溃灭最大的微射流速度

从图 4.24(a) 中可以看出当离焦量 $H = 1$mm 时，空泡溃灭后在液体中的影响区域相对较小，拥有一定流速的液体大都聚集在材料表面附近，在空泡溃灭中心由上到下集中地冲击材料表面，该离焦量下微射流速度最高可达 128m/s。尽管是单次单空泡溃灭作用，但如此大的微射流速度足以对材料造成破坏。而当离焦量 $H = 2$mm 时，空泡溃灭位置离材料表面相对较远，液体中由溃灭形成的高速微射流区域也呈窄长形分布，高速微射流朝材料壁面垂直运动时，大部分能量被空泡与壁面之间间隔的液体削弱，同时向下运动的微射流范围大于 $H = 1$mm 时的情形，因此该离焦量条件下到达材料表面的射流速度只有 7.04m/s。

综合多种离焦量条件下空泡溃灭微射流的速度变化进行分析，不难发现材料表面附近的空泡发生溃灭时会产生速度较大的高速微射流，但冲击材料表面的作用力大小会受离焦量 H 的影响。当 $H = 0$ 时，激光能量直接作用于试样表面，液体中也不会形成空泡、空化现象；当离焦量 H 为 0~1mm 时，激光在试样上方较小的空间内击穿液体形成不完整的球形空泡作用于材料表面，此时空泡中心与试样相距较近，但由于空泡形状不太完整，空泡上下壁之间的速度差也相对较小，因此空泡溃灭形成的微射流速度也不高；当离焦量 $H = 1$mm 时，完整的球形空泡下壁面接近于材料表面，空泡溃灭时由上泡壁向下运动的高速微射流在击穿下泡壁之后就直接作用于试样上, 能量损失相对较小, 此时近壁面处的高速微射流速度也达到最大值; 当 $H > 1$mm 时, 随着离焦量的不断变大, 空泡在液体中不断脉动所耗散的能量也就越多, 到达材料表面时微射流的速度也就逐渐降低。因此离焦量和空泡溃灭微射流的速度关系可以表述为随着离焦量 H 的增加, 材料表面高速微射流的速度最终呈现出先增大再减小的变化规律。

高速微射流在材料壁面附近流动时会形成量级相对较大的冲击作用, 而这种微射流冲击压力具有时间短、幅值高等特点, 很难在实际环境中对其进行捕捉测量, 因此可以通过水锤压力公式间接计算的方法得出数据。表 4.7 给出了三种离焦量 H 下铸铁试样表面微射流的最高速度及其对应的水锤冲击压力数值。

表 4.7   不同离焦量下铸铁试样表面微射流速度及相应的水锤冲击压力

离焦量/mm	微射流速度/(m/s)	水锤冲击压力/MPa
1	128	181.2
1.5	16.3	23.1
2	7.04	9.97

表 4.7 中, 流体的密度及声速都选取常温环境下等离子水的相应参数, 灰铸铁材料的密度及其中的声速分别取值 7000kg/m^3 与 4572m/s。从表中可以看出, 当离焦量 $H = 1$mm 时, 高达 128m/s 的微射流速度会在铸铁壁面上方形成 181.2MPa 的冲击压力, 影响铸铁试样表面的形貌及力学性能; 而当离焦量 H 增大到 1.5mm 时, 微射流速度急剧降低, 相应地水锤冲击压力减小至 23.1MPa; 当 H 继续增大时, 微射流速度的减小趋势逐渐变缓, 直至消失。

图 4.25 给出了流体计算域中 $z = -6.01$mm 平面的压力监测图, 高速微射流形成的水锤冲击作用都发生在流体计算域中, 而在仿真计算过程中流体域与固体域交界面的压力变化难以跟踪监测, 因此选择铸铁试样上方 0.01mm 的平面进行压力分析, 并且该距离差下的压力变化误差大致可以忽略。从图 4.25(a) 中可以看出当离焦量 $H = 1$mm 时, 铸铁试样表面的瞬时最高冲击压力达到 174.84MPa, 并且该冲击压力的作用时间相对较短; 当 $H = 2$mm 时, 监测到试样上方最大的瞬时水锤作用压力为 10.21MPa, 同时可以发现该离焦量条件下的微射流到达材料表面的时间比 $H = 1$mm 时推迟了 $15 \sim 20$μs。仿真模拟出的截面压力变化值与公式计算出的水锤冲击压力虽不完全相同, 但可以认为其计算结果在一定的误差范围内, 该计算结果也在 Qin 等的研究结果中得到证实[25], 该仿真结果也可以进一步表明空泡溃灭形成的高速微射流和冲击压力数值会随离焦量 H 的增加而急剧下降。

激光击穿去离子水产生等离子空泡, 流体域中的空泡经过反复脉动后在试样近壁面溃灭, 形成高速微射流及溃灭冲击波作用于材料上, 此时可以通过 Workbench 流固耦合功能将流体域中空泡溃灭的计算结果直接应用于固体域的仿真模拟中, 进一步分析研究不同激光参数下空化现象对铸铁试样形变、应力分布等性能的影响。

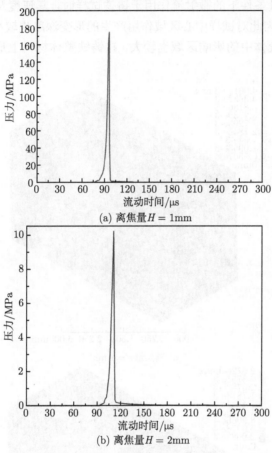

(a) 离焦量 $H = 1$mm

(b) 离焦量 $H = 2$mm

图 4.25　流体计算域中 $z = -6.01$mm 截面压力监测图

　　图 4.26 所示为激光空化作用后铸铁材料的整体形变截图，为更为方便地分析铸铁试样形变大小，在仿真结果输出时，对材料上作用区域的变形比例进行优化，最终可以在材料的三维截图上直观地观测到形变趋势。对比分析图 4.26(a) 和 (b) 可以看出，激光诱导空泡溃灭后产生的高速微射流垂直作用在铸铁试样上，在其表面形成一块类似于圆形的作用区域，而激光空化对整体材料的影响作用则呈半球形分布，同时受高速微射流冲击位置的影响，铸铁试样中心区域的形变量达到最大，其他位置的形变量呈现出由中心向四周逐渐减小的变化趋势。当离焦量 $H = 1$mm 时，高速微射流对试样中心区域产生的形变深度为 4.9μm，对整体材料作用的最大影响深度约为 1.13mm；而当 $H = 2$mm 时，中心区域的形变深度为 2.67μm，但整体材料的最大影响深度可达 1.56mm。可以发现离焦量为 2mm 时试样中心区域的

变形深度较小，但高速微射流对铸铁整体材料的影响区域面积和深度却达到最大，这是由于该离焦量条件下的微射流作用于铸铁试样时，其速度及冲击压力都远小于 $H=1\text{mm}$ 时，因此对试样中心区域作用产生的形变深度也较小，同时该条件下的高速微射流在液体中的影响区域也较大，在铸铁整体材料上形成的影响区也相对较大。

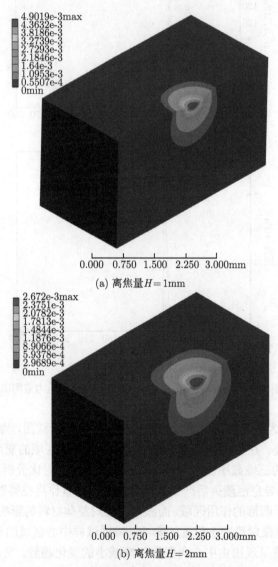

图 4.26　不同离焦量 H 下材料整体形变图

对铸铁材料上的激光空化作用效果进行仿真计算时同样可以得到不同离焦量

参数下材料的应力分布图, 如图 4.27 所示。激光空化作用在试样表面产生的冲击影响范围较大, 但也只有中心小范围区域内的残余压应力值相对较高。这是由于空泡溃灭产生的高速微射流以窄长型分布向试样表面流动, 只有中心区域的微射流速

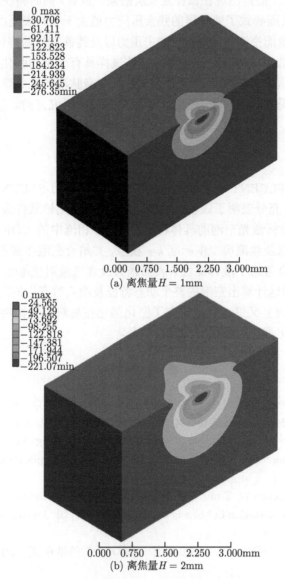

(a) 离焦量 $H = 1mm$

(b) 离焦量 $H = 2mm$

图 4.27 不同离焦量 H 下材料最大主应力分布图

度值较高, 可以在铸铁表面造成较高的残余压应力, 而周围区域的微射流速度明显偏低, 因此铸铁试样表面的残余压应力值最终呈现出由中心向四周减小的分布情

形。同时可以发现两种离焦量 H 参数下，激光空化作用后铸铁试样的残余压应力最高值都出现在试样的亚表层，分别为 276.35MPa 及 221.07MPa，Solina 等[26] 推测该现象的原因可能是空泡溃灭对铸铁试样造成冲击时，铸铁试样中最大静态剪应力并不在表面上，而是出现在试样亚表层的某一位置，同时铸铁表面也存在残余应力释放作用，从而导致了亚表层的残余压应力值大于材料表面的现象。

综合对比近壁面空泡射流速度、冲击压力以及铸铁试样的整体性能模拟结果，可以看出合理参数下的激光空化作用对铸铁试样具有一定的强化效果，在激光空化领域采用流固耦合的仿真手段也为详细分析空泡脉动特性、溃灭特性以及对材料的作用效果等提供了一种较为便捷，也更为直观的研究方向。

4.5 本 章 小 结

本章描述了 FLUENT 软件的基本物理模型以及运用 FLUENT 软件进行仿真计算的具体流程，充分表明了该软件功能强大，也为运用该软件进行激光空泡仿真计算奠定基础。根据激光空泡的具体特征，选取多相流中的 VOF 模型、空化模型中的界面跟踪法以及湍流模型中标准 k-ε 模型，并结合空泡在膨胀、压缩过程中的动力学方程，综合考虑了液体黏性、表面张力及含气量对空泡整个脉动过程的影响，从而能更准确地计算出空泡的整个动态特征及溃灭时产生的高速射流。在探究单空泡脉动的基础上又进一步地研究了空化强化在材料抗空蚀性能上的影响，对激光诱导空泡空化强化有着很好的理论参考。

参 考 文 献

[1] 赵文亮. 水下空化射流冲蚀技术及实验研究 [D]. 杭州: 浙江大学, 2016.

[2] 杨会中. 水力空化强化效应实验研究 [D]. 大连: 大连理工大学, 2006.

[3] Soyama H. The use of cavitation peening to increase the fatigue strength of duralumin plates containing fastener holes[J]. Materials Sciences and Applications, 2014, 5(6): 430-440.

[4] Vogel A, Lauterborn W, Timm R. Optical and acoustic investigations of the dynamics of laser-produced cavitation bubbles near a solid boundary[J]. Journal of Fluid Mechanics, 1989, 206: 299-338.

[5] 李胜勇, 吴荣华, 王晓宇, 等. 环境压强对空泡脉动特性的影响 [J]. 光子学报, 2016, 45(3): 6-10.

[6] Yuan X Y, Qian X W, Keat T S. Dynamic features of a laser-induced cavitation bubble near a solid boundary[J]. Ultrasonics Sonochemistry, 2013, 20(4): 1098-1103.

[7] 陶跃群, 蔡军, 刘斌, 等. 湍流作用下空化泡的动力学分析和溃灭瞬间自由基产量计算 [J]. 中国科学院大学学报, 2017, 34(2): 191-197.

[8] Kunz R F, Boger D A, Stinebing D R. A preconditioned Navier–Stokes method for two-phase flows with application to cavitation prediction[J]. Computers and Fluids, 2000, 29: 849-875.

[9] 王福军. 计算流体动力学分析 ——CFD 软件原理与应用 [M]. 北京: 清华大学出版社, 2004.

[10] Khosroshahi M E, Mahmoodi M, Tavakoli J. Characterization of Ti6Al4V implant surface treated by Nd:YAG laser and emery paper for orthopaedic applications[J]. Applied Surface Science, 2007, 253 (21): 8772-8781.

[11] 毛阳, 曾良才, 卢艳. 基于质量守恒边界条件的液压缸织构表面空化模型 [J]. 武汉科技大学学报, 2017, 40(3): 213-216.

[12] Byun K T, Kwak H Y. A model of laser-induced cavitation[J]. Japanese Journal of Applied Physics, 2004, 43(2): 621-630.

[13] 陈笑. 高功率激光与水下物质相互作用过程与机理研究 [D]. 南京: 南京理工大学, 2004.

[14] 潘森森, 彭晓星. 空化机理 [M]. 北京: 国防工业出版社, 2013.

[15] 宗思光, 王江安, 曹水, 等. 激光击穿液体介质的空化与声辐射 [M]. 北京: 国防工业出版社, 2013.

[16] Braun M, Pierson K, Snyder T. Two-way coupled Reynolds, Rayleigh-Plesset-Scriven and energy equations for fully transient cavitation and heat transfer modeling[C]// Materials Science and Engineering Conference Series, 2017.

[17] 王娜. 泵站压力管道的水锤研究 [J]. 水利规划与设计, 2016, (1): 85-88.

[18] Orthaber U, Petkovšek R, Schille J, et al. Effect of laser-induced cavitation bubble on a thin elastic membrane[J]. Optics and Laser Technology, 2014, 64: 94-100.

[19] Gonzalez-Avila S R, Klaseboer E, Khoo B C, et al. Cavitation bubble dynamics in a liquid gap of variable height[J]. Journal of Fluid Mechanics, 2011, 682: 241-260.

[20] Philipp A, Lauterborn W. Cavitation erosion by single laser-produced bubbles[J]. Journal of Fluid Mechanics, 1998, 361(361): 75-116.

[21] 随赛. 轻铝合金近壁面激光空泡动态脉动特性及强化机理的研究 [D]. 镇江: 江苏大学, 2015.

[22] Liu G Q, Ma L X. Chemical Material Manual[M]. Beijing: Chemical Industry Press, 2002: 189-192.

[23] 宗思光, 王江安, 马治国. 壁面附近激光空泡溃灭的空蚀特性 [J]. 光学学报, 2010, 30(3): 884-888.

[24] 唐家鹏. FLUENT 14.0 超级学习手册 [M]. 北京: 人民邮电出版社, 2013.

[25] Qin Z, Bremhorst K, Alehossein H, et al. Simulation of cavitation bubbles in a convergent–divergent nozzle water jet [J]. Journal of Fluid Mechanics, 2007, 573: 1-25.

[26] Solina A, Sanctis M D, Paganini L, et al. Residual stresses induced by localized laser hardening treatments on steels and castiron[J]. Journal of Heat Treating, 1986, 4(3): 272-280.

第5章　激光空化强化和化学强化效应

5.1　概　　述

激光空化过程中产生的羟自由基含量可用于表征激光空化的强度，传统意义上，激光空化对于材料的强化效果只能通过检测材料的表面残余应力、硬度等参数来表征[1,2]，但是这些参数都需要在实验结束后在相应的仪器上进行检测，比较麻烦且检测周期长。本章探究了激光空化强度与材料强化之间的对应关系，通过检测羟自由基含量间接得知材料的强化效果，提供了另外一种表征材料强化效果的途径[3]。

本章主要以激光空化的机械效应和化学效应两方面作为切入点[4]，机械效应方面以 2A02 铝合金作为实验对象，探究激光空化对于靶材性能的影响；化学效应方面主要以羟自由基作为研究对象，探究激光空化对于羟自由基含量的影响[5]。搭建了激光空化实验装置，探究在不同激光能量和离焦量下，激光空化对于 2A02 铝合金表面残余应力和靶材表面形貌的影响，进一步探究空泡溃灭过程中产生的空泡微射流、冲击波以及激光冲击对材料的作用机理，分析其强化机制。确定了用于定量检测羟自由基含量的方法，验证激光空化产生羟自由基的设想，并进一步研究不同激光能量和离焦量下，羟自由基含量的变化[6]；探究羟自由基含量与 2A02 铝合金表面残余应力值之间的关系，分析得出激光空化强度与 2A02 铝合金表面性能强化的关系，确定了使 2A02 铝合金出现明显表面性能强化的羟自由基值[7]。

本章探讨了激光参数对于目标靶材的强化作用，为激光空化强化的应用提供实验依据；探究了激光空化的化学强化作用能否产生活性羟自由基，以及空化参数与羟自由基含量之间的对应关系，为进一步探究激光空化的化学强化及其应用奠定了基础，具有十分重要的现实意义。

5.2　激光空化强化理论

5.2.1　空化泡理论基础

研究激光空化强化的基础就是研究空泡动力学特征[8,9]，通过研究空泡脉动过程，进一步了解激光空化初生、发展直至溃灭的过程，同时也可通过理论来验证实验的准确性。

空化现象最基本的研究对象是空泡,作为最简单的模型,球形空泡得到了国内外学者广泛的研究。Rayleigh[10]研究了理想流体域下的球形空泡运动情况,理想流体域指的是无穷领域、不可压缩、不存在黏性的流体域[11]。在这样的理想流体域中,空泡运动方程如下[10]:

$$R\frac{\mathrm{d}^2R}{\mathrm{d}t^2} + \frac{3}{2}\left(\frac{\mathrm{d}R}{\mathrm{d}t}\right)^2 = \frac{p_R - p_\infty}{\rho} \tag{5.1}$$

式中:R 是空泡的半径,是关于时间 t 的函数;p_R 为空泡内的气压;p_∞ 为无穷远处的流体静压;ρ 为液流的密度。

以上方程是球形空泡的简化模型,没有考虑液流密度、含气量、液体表面张力及黏性对空泡脉动过程的影响。由于模型的简化,造成了一些理论分析与实际实验情况不相符合的情况。例如:当空泡处于泡半径最小状态时,泡壁面的速度及加速度都将趋向于无穷大[12],实验中观察到的空泡脉动回弹现象并不会出现。于是很多学者开始在 Rayleigh 的基础上研究表面张力、黏滞性、液流密度以及液体含气量这些因素对于空泡动力学的影响。在单独考虑液体表面张力对于 Rayleigh 方程的影响时,Plesset[13]通过连续性方程以及运动方程推演出了 Rayleigh-Plesset 方程,如式 (2.32)。

在单独分析气泡含气量对于 Rayleigh 方程的影响时,Neppiras 和 Noltingk[14]对 Rayleigh 方程进行了修正,得出空泡运动方程如下:

$$R\frac{\mathrm{d}^2R}{\mathrm{d}t^2} + \frac{3}{2}\left(\frac{\mathrm{d}R}{\mathrm{d}t}\right)^2 = -\frac{p}{\rho}\left(1 + \frac{Q}{p}\left(\frac{R_0}{R}\right)^{3\lambda}\right) \tag{5.2}$$

式中:p 为空泡内气压;R_0 为原始泡半径;Q 为气体分压;λ 为液流比热容。根据上述方程可以求出:在只考虑气泡含气量的理想域下,空泡溃灭时的空泡脉动速度以及最小泡半径等数值[15]。

空泡脉动过程非常复杂,不论是液流的黏度、表面的张力、气体的扩散还是液流的可压缩性、热力学传导都对空泡脉动过程有重要的影响[16]。从科研的角度考虑,都是从单因素开始向多因素转换[17];由于空泡过程过于复杂,目前关于其研究主要集中于单因素作用上,故本章以无穷域静止液流场中的空泡为研究对象,考虑了液体的黏性以及液流表面张力对于空泡脉动过程的影响。

1) 液流表面张力对于空泡脉动过程的影响

在仅考虑表面张力对于空泡脉动过程的影响时,空化泡运动方程可简化为下式,将 $p(R) = p_v - \frac{2\sigma}{R}$ 代入式 (5.2),可得[18]

$$R\frac{\mathrm{d}^2R}{\mathrm{d}t^2} + \frac{3}{2}\left(\frac{\mathrm{d}R}{\mathrm{d}t}\right)^2 = \frac{p_R - p_\infty}{\rho} - \frac{2\sigma}{\rho R} \tag{5.3}$$

在仅考虑表面张力作用时，气泡含气量 p_R 为定常量。根据式 (5.3) 可以看出：

当 $p_\infty < p_R$ 时，脉动处于膨胀阶段，令 $\beta = \dfrac{R}{R_0}$、$\tau = \dfrac{t}{R_0}\sqrt{\dfrac{p_R - p_\infty}{\rho}}$、$D = \dfrac{\sigma}{R_0\left(p_R - p_\infty\right)}$。

当 $p_\infty > p_R$ 时，空泡处于收缩阶段，令 $\beta = \dfrac{R}{R_0}$、$\tau = \dfrac{t}{R_0}\sqrt{\dfrac{p_\infty - p_R}{\rho}}$、$D = \dfrac{\sigma}{R_0\left(p_\infty - p_R\right)}$。

式 (5.3) 可简化为[18]

$$\beta\frac{\mathrm{d}^2 R}{\mathrm{d}t^2} + \frac{3}{2}\left(\frac{\mathrm{d}R}{\mathrm{d}t}\right)^2 = -1 - \frac{2D}{\beta} \tag{5.4}$$

$$\beta\frac{\mathrm{d}^2 R}{\mathrm{d}t^2} + \frac{3}{2}\left(\frac{\mathrm{d}R}{\mathrm{d}t}\right)^2 = 1 - \frac{2D}{\beta} \tag{5.5}$$

当处于无穷域静流场中时，上述微分方程的初始条件为：$\tau = 0$ 时 $R = R_0$，则有

$$\beta = 1 \tag{5.6}$$

$$\dot{\beta} = \ddot{\beta} = 0 \tag{5.7}$$

2) 液流黏度对于空泡脉动过程的影响

在仅考虑液流黏度对空泡脉动过程的影响时，空化泡运动方程可简化为[19]

$$R\frac{\mathrm{d}^2 R}{\mathrm{d}t^2} + \frac{3}{2}\left(\frac{\mathrm{d}R}{\mathrm{d}t}\right)^2 = \frac{p_R - p_\infty}{\rho} - \frac{4\mu}{\rho R}\frac{\mathrm{d}R}{\mathrm{d}t} \tag{5.8}$$

式中：R 为泡半径，是关于时间 t 的函数；p_R 为空化泡内的气压；p_∞ 为理想流域下无穷远处的流体静压；μ 为液体的运动黏滞系数；ρ 为液流的密度，为常数。

与液流表面张力对于空泡脉动影响的研究方式类似，这里假设液流中的其他因素都是定常值，可得

当 $p_\infty < p_R$ 时，脉动处于膨胀阶段，令 $\beta = \dfrac{R}{R_0}$、$\tau = \dfrac{t}{R_0}\sqrt{\dfrac{p_\infty - p_R}{\rho}}$、$C = \dfrac{4\mu}{R_0\sqrt{\rho\left(p_\infty - p_R\right)}}$。

当 $p_\infty > p_R$ 时，空泡处于收缩阶段，令 $\beta = \dfrac{R}{R_0}$、$\tau = \dfrac{t}{R_0}\sqrt{\dfrac{p_R - p_\infty}{\rho}}$、$C = \dfrac{4\mu}{R_0\sqrt{\rho\left(p_R - p_\infty\right)}}$。

式 (5.7) 可简化为[19]

$$\beta\frac{\mathrm{d}^2 R}{\mathrm{d}t^2} + \frac{3}{2}\left(\frac{\mathrm{d}R}{\mathrm{d}t}\right)^2 = -1 - \frac{C}{\beta}\frac{\mathrm{d}R}{\mathrm{d}t} \tag{5.9}$$

$$\beta \frac{d^2 R}{dt^2} + \frac{3}{2} \left(\frac{dR}{dt} \right)^2 = 1 - \frac{C}{\beta} \frac{dR}{dt} \tag{5.10}$$

5.2.2 激光空化化学强化

由于空泡在溃灭时产生了高速射流以及冲击波，液流在这些作用力的作用下会产生高温高压，极端作用下液流中会发生复杂的化学反应。

关于空泡溃灭产生的物理效应和化学效应的机理，目前还存在着学术上的争议，主要分为两大类：电学理论以及热学理论。

电学理论认为在空化过程中，空泡溃灭时会在液流中产生电荷，电荷在极端的条件如高温高压下，会产生微放电现象而发光，这个理论合理地解释了一些现象。但是 Suslick[20] 认为利用该原理难以解释一些显而易见的现象，比如：液流中发生的声致发光现象，在非极性液体中不能产生，与观察到的事实不相符合。于是在此基础上，开始了关于热学理论的研究。

基于热学理论，发展出了一种热点理论，认为空泡溃灭过程的物理、化学效应主要是由包括了黑体辐射模型以及化学发光模型的热点理论引起的。黑体辐射认为发光是由空泡内气体的黑体辐射造成的；化学发光认为声致发光有两种形成途径：一种是空化泡溃灭时产生了离子和自由基，这些离子和自由基处于物理高位，随着分子间的重组而发光，是一种热化学过程；另外一种是由于空化产生的高温高压作用，导致水分子键撕裂产生氧化物，随后氧化物进一步发生若干化学反应。不论是化学发光还是黑体辐射，都是发生在空泡溃灭过程中的。

假设空化泡溃灭处于绝对的绝热状态，可以推断出空泡溃灭时的最高温度以及最大压力的关系式：

$$T_{max} = T_{min} \left[\frac{p_\infty (\gamma - 1)}{p_g} \right] \tag{5.11}$$

$$p_{max} = p_g \left[\frac{p_\infty (\gamma - 1)}{p_g} \right]^{\frac{\gamma}{\gamma - 1}} \tag{5.12}$$

式中：T_{min} 为空泡初生时的温度，与液流周边环境以及液流蒸气压有关；p_∞ 为空泡溃灭过程中受到的总压力；γ 为气体比热容。

根据上式可以看出，当空泡临近溃灭时，其产生的温度以及压力是相当大的，在这样的极端条件下，会使液流中出现以下化学效应。

1) 空化热解效应

在极端的周边条件下，水分子间的化学键会被打开。Suslick 等[20]研究表明空泡溃灭时，瞬间温度可达 1900K，部分区域的压强高达 $5.05 \times 10^4 kPa$，该能量远远大于水分子的化学键的键能。虽然整个溃灭过程非常短暂，但是足以完成水分子键

的断裂以及液流中的气体和水蒸气的热解作用, 其热解过程如下[20]:

$$H_2O \rightarrow OH\cdot + H\cdot \qquad 2\,OH\cdot \rightarrow H_2O_2$$

$$2\,H\cdot \rightarrow H_2 \qquad H\cdot + H_2O_2 \rightarrow H_2O + HO\cdot$$

$$H\cdot + O_2 \rightarrow HO_2\cdot \qquad 2\,HO_2\cdot \rightarrow H_2O_2 + O_2$$

2) 羟自由基的氧化效应

水分子键撕裂产生的羟自由基在自然界中是一种仅次于臭氧的强氧化剂, 若存在氧气以及臭氧, 液流中会发生一系列的羟基氧化效应[20]:

$$H_2O_2 \rightarrow H^+ + HO_2 \qquad HO + O_3 \rightarrow O_2 + HO_2$$

$$HO_2 + O_3 \rightarrow HO_2\cdot + O_3 \qquad O_2 + O_3 \rightarrow O_2 + O_3\cdot$$

$$HO_2\cdot \rightarrow H^+ + O_2\cdot \qquad HO + O_3 \rightarrow HO_2\cdot + O_2$$

本节通过介绍流体力学的运动方程, 从理论的角度分析了空泡在空化时的脉动过程以及空泡在近壁面附近的溃灭过程, 通过理论推导分析了激光空化作为一种改善材料表面性能、延长材料使用寿命的技术手段的可行性; 在研究激光空化机械强化效应机理的同时, 也研究了激光空化的化学强化机理, 从根本上分析了产生高温高压的原因, 结果表明正是高温高压的作用产生了包括热点效应以及空化化学效应在内的化学强化效应, 为激光空化化学强化的研究奠定了理论基础。

5.3　金属材料激光空化强化机理

5.3.1　2A02 靶材激光空化作用

为了研究激光空化对于靶材的强化机理, 本书的实验靶材选用 2A02 铝合金。2A02 铝合金主要用于飞机等航天产品中, 航天产品的使用环境决定了对 2A02 铝合金的高性能要求。航天材料经常在高温以及强烈的冲击力作用下服役, 对于其疲劳强度提出了较高的要求。材料的疲劳和腐蚀均从材料表面开始, 故金属材料的表面性能就直接决定了航天产品的可靠性和安全性。以前是利用激光的冲击作用对材料进行改性, 而本节研究的则是利用激光产生的空化效果来实现材料力学性能的增强。力学性能是靶材在外施加力的作用下表现出来的性能, 一般使用硬度、强度及表面形貌等来表征靶材的力学性能。材料承受集中载荷时, 表面会发生非均匀的塑性应变, 进而在靶材表面产生残余应力[21], 残余应力对于靶材的性能有很重要的影响。若靶材表面分布着残余压应力, 材料的抗疲劳磨损性能会增强, 进而延长其使用寿命; 反之, 若材料表面分布的是残余拉应力, 材料的抗腐蚀、抗疲劳性能会相应地降低, 其疲劳寿命也会出现一定程度的缩短。

本章搭建了激光空化装置，通过两种实验方案对比，确定了最佳的实验方案；将激光聚焦点调整在靶材附近，产生空化效应，进而研究其对靶材的性能影响，其中靶材的性能以其表面残余应力和表面形貌作为表征。实验中通过改变激光焦点到靶材表面的距离 (离焦量) 和激光能量，研究了不同离焦量及激光能量下，激光空化对于 2A02 靶材表面残余应力和表面形貌的影响，进而研究了激光空化对于 2A02 靶材的强化机理及不同参数对于激光空化机械效应的影响，为探究激光空化的机械效应和化学效应以及两者间的关系奠定了基础。

5.3.2 激光空化强化实验

实验材料为板状 2A02 铝合金，采用线切割方法把靶材加工成尺寸为 12mm× 12mm× 8mm 的五块正方体试样。试样的化学组成如表 3.3 所示，常温下试样的力学性能如表 3.4 所示。

实验前，先将材料进行预处理，为去除材料加工过程中产生的残余应力，需对材料进行退火处理，将试样放入 SXL 系列 1208 型程控箱式电阻炉 (图 5.1(a))，设定电阻炉温度为 350℃，根据材料厚度让其在电阻炉中保温 60min，然后空冷；完成上述操作后，将试样分别标号为 1#、2#、3#、4#、5#。每个试样分别使用 280#、400#、600#、800#、1000# 的砂纸进行预磨，然后在抛光机 (图 5.1(b)) 上抛光至镜面效果，最后将酒精倒入超声波清洗仪 (图 5.1(c)) 中对试样进行清洗。处理后试样的外貌如图 5.2 所示。

(a) 电阻炉   (b) 抛光机   (c) 超声波清洗仪

图 5.1 预处理仪器

1) 激光空化系统

激光空化强化实验是在江苏大学机械学院激光实验室进行的，采用的激光器型号为 SGR 脉冲激光器，如图 5.3 所示。该激光器具有性能稳定、结构化强、操作简便的特点，激光器的主要参数如表 3.1 所示。

图 5.2　试样外貌图

图 5.3　激光空泡强化实验设备

2) 残余应力检测装置

为表征靶材表面残余应力来探究激光空化对材料的影响, 采用由邯郸高新技术发展公司 —— 爱斯特研究所制造的 X-350A 型 X 射线应力测定仪 (图 5.4) 来对 2A02 靶材进行残余应力的测量与分析。使用侧倾固定 Ψ 法进行测量, 定峰方法运用交相关法, 辐射为 CrKa, Ψ 角分别取 0°、24.2°、35.3°、45°, 2θ 扫描范围为 142° ~ 136°, 2θ 扫描步距 0.10°, X 射线管电压及电流分别为 20.0kV 和 5.0mA, 准直管直径为 1mm, 应力场数为 −162MPa/(°)。

图 5.4　X-350A 型 X 射线应力测定仪

5.3.3 实验方案的选择

根据激光空化的原理, 现有设备有两种实验方案, 实验设置如第 3 章图 3.6 所示。靶材有两种放置方式: ① 靶材与激光束入射方向垂直放置; ② 靶材与激光束入射方向平行放置。两种方案中其他的实验装置一致, 均是通过控制中心控制激光器控制器, 通过调节激光的能量、频率等参数来控制激光器输出激光束, 激光束透过由一组透镜组成的扩束镜后经 45° 全透镜反射, 经过一组凸透镜聚焦后入射到装有液流的水箱中。

1) 靶材与激光束入射方向垂直放置

将实验靶材与激光束入射方向垂直放置 (如图 3.6 中靶材实线所示), 在激光能量 E 为 300mJ、离焦量 H 为 1mm 的情况下进行实验。通过 X-350A 型 X 射线应力测定仪来检测靶材表面残余应力。图 5.5 为靶材未经过激光空化实验的 X 射线测定仪分析的结果, 由图可以看出在靶材表面残留着残余应力值为 −5MPa。靶材表面存在残余应力的原因可能是靶材在机加工过程中引入了一定量的残余应力, 在使用砂纸以及抛光机进行抛光时由于磨削热, 材料的表层产生了一层塑性变形层, 靶材表面沿着磨削方向发生应变, 晶粒变长, 而周围的组织会阻碍其恢复原状, 进而在材料表面产生残余压应力; 另一种可能就是材料缺陷导致的残余应力层。但是在实验过程中, 靶材表面残留的残余应力对于后续的激光空化实验影响不大。

实验后靶材表面的残余应力分布情况如图 5.6 中方案一曲线所示。可以看出, 在该实验方案下, 材料表面的残余应力得到了明显提升, 从 −5MPa 左右提升到了 −42MPa。从图中曲线可以看出, 在空泡作用即激光焦点处, 靶材的残余应力最大。从焦点处开始, 一直到距焦点左右各为 0.8mm, 靶材表面残余应力随着到焦点距离的绝对值增大而减小, 到离焦点距离的绝对值大于 0.8mm 后, 残余应力值基本上不变。这是因为在实验过程中, 随着激光的作用, 在焦点处产生了激光空化效应, 空化泡溃灭时在空泡中心处产生了面向靶材的微射流以及空泡溃灭冲击波。随着空泡溃灭冲击波对于靶材的冲击作用形成了空泡中心处受力大, 两边受力小, 类似于激光冲击的高斯分布现象; 空泡中心处同时还受空泡微射流的作用, 因此空泡中心处受到的空化作用更大, 受力更明显, 残余应力变化更大, 变化趋势更陡。可看出在该实验方案下, 激光空化对于材料的影响区域大致在直径为 1.6mm 的类圆形区域内。而在激光能量为 300mJ 的情况下, 激光焦点处光斑的直径是很小的, 仅仅在激光作用下对于材料的影响区域不可能达到这么大, 而此处影响区却达到了直径为 1.6mm 的类圆形区域, 可见在此过程中靶材受到的主要是激光空化作用, 激光空化对于材料的影响力之大可见一斑。由图可以看出在激光空化的作用下, 靶材表面残余应力值最大可达 −42MPa, 这样大的残余应力值可以有效抑制材料表面疲劳裂纹的萌生、提高材料的抗疲劳耐磨损能力。将起作用的残余应力范围划分为 −20MPa, 这对于铝合金的强度水平来说, 将足以影响材料表面的应力分布以及综合性能。

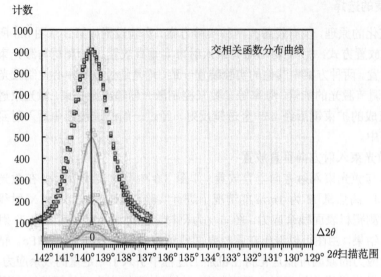

图 5.5　空化强化实验前的残余应力值

2) 靶材与激光束入射方向平行放置

将实验靶材垂直于入射方向水平放置 (如图 3.6 中靶材虚线所示), 在激光能量 E 为 300mJ、离焦量 H 为 1mm 的情况下进行实验, 其表面残余应力分布如图 5.6 方案二曲线所示。在该实验方案下, 靶材表面残余应力提升很小, 残余应力最大值出现在空泡作用处, 仅为 −11MPa, 材料初始残余应力值为 −4MPa, 提升并不是很明显, 对于材料的性能影响很小, 且影响区很小, 只有 0.5mm 左右。该实验方案较方案一而言, 对于材料的影响小很多, 其原因是: 通过调整工作平台 X 方向的移动, 来调整靶材表面距离泡心的距离, 当距离过小时, 由于扩束镜造成的光束直径变宽问题, 激光束有部分被靶材所遮挡, 激光能量损失很大, 在实验过程中观察到的空泡很小, 甚至由于靶材的遮挡作用造成聚焦点处的激光能量小于液流的击穿阈值，导致激光空化现象都不会发生。

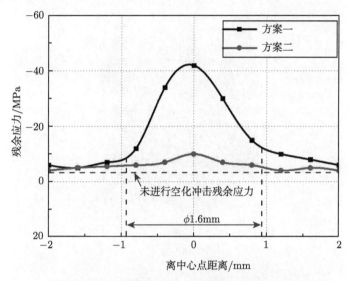

图 5.6　激光空化强化实验后靶材表面残余应力分布

5.3.4　激光能量和离焦量对靶材机械性能的影响

为了探究激光能量和离焦量对于靶材机械性能的影响，选择方案一即靶材与激光束方向垂直放置进行实验。靶材的机械性能通过检测靶材表面的残余应力和表面形貌来进行表征。通过探究激光能量、离焦量对于残余应力及表面形貌的影响，确定使靶材表面产生强化效应的最佳激光能量值和离焦量值。

将经过预处理的靶材按照如图 5.7 所示顺序依次进行激光空化实验。实验中有五块靶材，根据图中 1 到 5 的顺序依次使用能量为 100mJ、200mJ、300mJ、400mJ、500mJ 的激光对其进行激光空化实验；不同靶材的离焦量值分别为 0、0.5mm、1mm、1.5mm、2mm。

图 5.8 为靶材表面的残余应力与激光能量 E 和离焦量 H 之间的变化曲线。由图可以看出，当激光能量为 100mJ 时，材料的表面残余应力基本没有变化，最大处的残余应力出现在离焦量 H =1mm 时，仅为 −8.7MPa，此残余应力对于材料性能的影响可忽略不计。分析原因是因为：当激光能量为 100mJ 时，其产生的能量较小，实验过程中虽然可以观察到激光空化现象的发生，但是由于激光能量较小，导致空泡溃灭时的溃灭微射流以及空泡辐射冲击波都较小，对材料基本没影响，且在激光能量为 100mJ 时，SGR-10 激光器能量不稳定，激光束经过几组透镜传播后能量会损耗，造成真正作用到水箱中的激光能量更小。图 5.9(a) 为在该实验条件下的靶材表面形貌图，可发现靶材表面基本没变化。

图 5.7　激光空化路径示意图

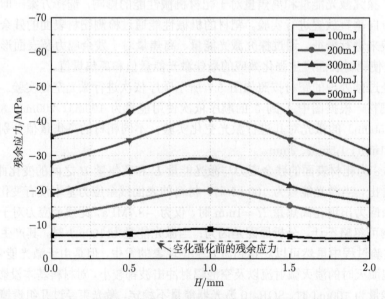

图 5.8　表面残余应力与激光能量、离焦量之间的变化曲线

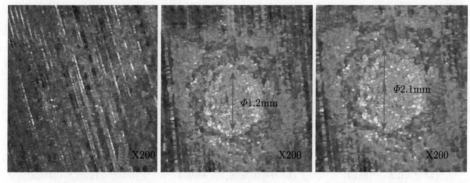

(a) $E=100$mJ   (b) $E=200$mJ   (c) $E=500$mJ

图 5.9 $H=1$mm 时不同激光能量实验条件下靶材表面形貌图

当激光能量达到 200mJ 及以上时，靶材表面的残余应力值开始有了显著的变化。在激光能量为 200mJ 时，靶材表面的残余应力最大为 −20MPa，在该残余应力的影响下，靶材的性能开始有所变化，图 5.9(b) 为在该实验条件下的靶材表面形貌图，从中可以看出，靶材表面影响区域可达到 $\Phi1.2$mm，在该区域内靶材表面整体较未作用区域更加光滑；当激光能量为 500mJ 时，靶材表面残余应力最大达到了 −52.2MPa，靶材表面性能得到了进一步的提升，图 5.9(c) 为该实验条件下靶材的表面形貌图，从中可以看出，靶材表面影响区域较激光能量为 200mJ 时的影响区更大，其影响区直径增大到了 2.1mm，靶材表面质量提升明显。分析得出：当激光能量处于 200mJ 到 500mJ 区间内时，靶材的表面残余应力跟激光能量成正相关关系，且靶材表面质量也随之提高。这是因为在激光空化过程中，激光能量、等离子体以及空泡三者之间存在能量传递的关系，通过等离子体，激光能量转移到空泡中，空泡溃灭时产生的溃灭微射流以及空泡辐射冲击波的能量都与激光能量成正相关关系。当激光能量变大时，空泡溃灭微射流以及辐射冲击波的能量都随之变大，在较大的能量冲击下，靶材表层的残余应力以及影响区都随之变大。

研究得出，不论激光能量为多大，靶材表面残余应力最大处都出现在离焦量 H 为 1.0mm 的时候，且靶材表面残余应力随着离焦量的增加先增大再减小。

当 $H=0$ 时，激光直接作用于靶材表面，激光空化过程产生的空泡脉动过程不完整，空化产生的射流冲击和辐射冲击波很小，可忽略不计，此时对于靶材起作用的主要是激光能量。在实验中，当激光能量达到 300mJ 的时候，靶材表面出现了激光烧蚀现象。如图 5.10(a) 所示，材料表面粗糙度等也变得更大，表面质量反而变差，这是因为此时激光焦点距靶材表面较近，作用于靶材表面的激光能量过大，且靶材表面没有黑漆或黑胶带的保护，导致靶材表面出现了明显的烧蚀现象。因此，为了实现靶材机械性能的提升，当 $H=0$ 时，激光能量应该控制为 100mJ$< E <$300mJ。

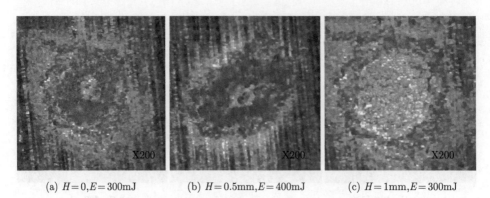

(a) $H=0, E=300\text{mJ}$　　　(b) $H=0.5\text{mm}, E=400\text{mJ}$　　　(c) $H=1\text{mm}, E=300\text{mJ}$

图 5.10　不同离焦量和激光能量下 2A02 靶材的表面形貌图

当 $0 < H \leqslant 0.5\text{mm}$ 时，随着泡心与材料表面距离的增加，材料表面的残余应力随之增加，在 $H=0.5\text{mm}$ 时，作用于材料表面的激光能量减小，但是由于空泡与材料距离的增加，空泡的脉动和溃灭过程逐渐完整，空泡作用于靶材表面的微射流以及空泡辐射冲击波逐渐增强，对材料表面产生作用的力主要来自三方面：① 虽然作用减弱，但是仍然对靶材有影响的激光能量；② 空泡溃灭时的溃灭微射流；③ 空泡辐射冲击波。在此实验条件下，激光能量达 400mJ 时，材料表面出现了烧蚀现象，如图 5.10(b) 所示，材料表面破坏明显。这是由于虽然 H 值增大，但当激光能量太大时，作用于靶材表面的能量还是很大，造成了激光烧蚀现象。因此，为了提升靶材的机械性能，当 $H=0.5\text{mm}$ 时，激光能量应该控制为 $100\text{mJ}< E <400\text{mJ}$。

当 $0.5\text{mm}< H < 1\text{mm}$ 时，泡心与靶材距离进一步增大，对靶材有影响的主要是空泡溃灭微射流、空泡辐射冲击波及进一步减弱的激光能量。随着离焦量的增加，空泡的脉动过程以及溃灭过程更加充分，同时由于空泡壁上下壁面间的压力差增大，射流冲击力及空泡辐射冲击波变大，材料表面残余应力增大。当 $H=1\text{mm}$ 时，作用于靶材表面的力来自于空泡溃灭微射流以及空泡辐射冲击波，而激光对靶材的作用基本为零，当激光能量为 300mJ 时，其靶材表面形貌如图 5.10(c) 所示，靶材表面出现了少量的材料剥蚀，作用区域整体较光滑，材料性能改善明显。此时，激光能量从 200mJ 到 500mJ，都能使材料表面形貌更好，对于材料性能起改善作用。

随着 H 的进一步增大，$1\text{mm}< H \leqslant 2\text{mm}$ 时，靶材表面残余应力值随着 H 的增加开始减少，这是因为当空泡距离靶材表面过远时，空泡壁的上下壁面间压力差逐渐减小，空泡溃灭过程中产生的射流冲击力也随之减小；空泡大部分的泡能会因为空泡脉动回弹次数的增加而消耗；由于空泡与近壁面间距增大，两者间的间隔水层厚度变厚，其对于空泡射流冲击力以及辐射冲击波有很大的削减作用。因此作用于靶材表面的作用力大大减小，分析表明当 H 进一步增加时，靶材表面的残余应

力值会进一步减小。

5.4 激光空化的化学强化效应

5.4.1 羟自由基与化学强化作用效果

空化过程中产生的空泡在溃灭时产生高速射流以及冲击波，液流中会产生局部高温高压区域，在高温高压的极端作用下，水分子结合键会被撕裂，生成一种强氧化剂——羟自由基。目前关于这方面的研究集中于水力空化和超声空化中，还没有关于激光空化是否会产生羟自由基这方面的研究。

在上一节中，通过建立实验平台确定了激光空化对于靶材机械性能的影响，本节在上一节实验平台的基础上进一步探究了激光空化的化学强化效应。这里所说的化学强化效应特指空化过程中产生的羟自由基，羟自由基有很强的化学活性，能直接氧化化学物质，加速化学反应的进行。激光空化强度越大，其生成的羟自由基浓度越大。

类比于水力空化装置和超声空化装置，在空化发生时会产生局部高温高压区域，进而产生羟自由基。本章通过上一章搭建的实验方案，确定了适用于激光空化条件下的定量检测羟自由基的方法，并通过该方法验证了激光空化同水力空化和超声空化一样会产生羟自由基；探究了激光能量和离焦量对于羟自由基含量的影响，通过羟自由基含量确定了激光空化强度，并与上一章检测得到的靶材表面残余应力进行比较，确定了激光空化强度和靶材性能强化之间的关系。

5.4.2 激光空化羟自由基的检测

为了探讨激光空化过程是否会产生羟自由基，以及在不同实验条件下激光空化对于羟自由基含量的影响，首先需要确定一种方便可靠、简单易行的检测羟自由基的方法。

羟自由基的化学活性很强，仅次于氟气；因其强化学活性，一旦羟自由基产生，就会迅速地和周边的物质发生化学反应，由于反应迅速，其存在时间小于 1μs。由于其化学特性，羟自由基绝对浓度的检测十分困难。为了定量检测羟自由基，羟自由基的捕捉剂必须具备两个方面的特点：① 捕捉剂对于羟自由基很敏感，能及时发生反应；② 反应后的化合物具有良好的稳定性。因此，所有关于检测羟自由基的探索实验中，分析检测的方法就显得尤为重要。

目前羟自由基含量的定量检测方法主要有三种：电子自旋捕集法、化学发光法、分光光度法。电子自旋捕集法需要与羟自由基的产生同步进行，利用合适的自旋捕捉剂去捕捉羟自由基，生成稳定的自旋化合物，通过检测自旋化合物来检测羟自由基，但是自旋化合物寿命较短，不易检测，且其对于检测操作和样品制备要求较高；化学发光法的精度很高，但是仪器比较昂贵，使用困难；而分光光度法使用简单，仪器较易获取，测量成本低。

本书根据现有设备、实验的可操作性及复杂程度结合分光光度法的优点，最终确定了紫外分光光度法。紫外分光光度法原理如下：每一种捕捉剂对应的光谱值是一定的，利用紫外分光光度计得出的光谱值也叫做吸光度值，只要通过紫外分光光度计检测出捕捉剂在捕捉羟自由基前后的吸光度值变化，即可间接得出羟自由基的含量。激光空化过程中，只要捕捉剂溶液吸光度值发生改变，就可以断定激光空化过程也能和水力空化及超声空化一样产生羟自由基；只要检测捕捉剂溶液吸光度值变化的趋势，即可得出激光空化过程中激光能量、离焦量以及羟自由基含量之间的对应关系。

选用亚甲蓝 (methylene blue，MB) 作为羟自由基捕捉剂，其是一种由自由基发生的一系列聚合链反应产生的高效阻聚剂，对羟自由基有极强的亲和力，能快速捕捉羟自由基，并在反应液中生成稳定的无色化合物，难以被再度还原或氧化显色。

其化学结构式如图 5.11 所示，从分子结构中可以看出，MB 分子中存在一个中间价态的 S 原子，对于羟自由基具有很强的亲和力。当 MB 与羟自由基反应后，S 原子处于高价位，生成的 MB-OH 加合物难以再度被还原，不论是亲和力还是稳定性，亚甲蓝都符合捕捉剂两方面的特点。

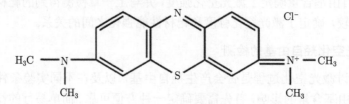

图 5.11　亚甲蓝结构式

此次实验选用的是天津 BASF 公司生产的亚甲蓝分析纯，其对应分子式为 $C_{16}H_{18}ClN_3S \cdot 3H_2O$，相对分子质量为 373.90。

1) 紫外分光光度计

利用紫外分光光度计 (UV spectrophotometer) 测量激光空化实验前后亚甲蓝溶液的吸光度值变化，通过 Lambert-Beer(朗伯-比尔) 定律，得出亚甲蓝溶液含量的改变，根据亚甲蓝与羟自由基的反应原理，间接得出羟自由基的含量。

选用上海奥析科学仪器有限公司生产的 UV1800 紫外分光光度计，如图 5.12 所示，其具有波长范围宽、灵敏度高、功能强大等特点，其参数如表 5.1 所示。

图 5.12　紫外分光光度计

表 5.1　UV1800 紫外分光光度计主要参数

波长范围/nm	光谱带宽/nm	波长准确度/nm	波长重复性/nm	基准平直度/Abs
190~1100	2	± 0.3	0.15	± 0.0015

2) 分析方法的确定

通过上述紫外分光光度计，测量实验溶液对紫外光谱的强度和波长，进而对实验对象进行定量分析。

根据朗伯–比尔定律[22](式 5.13) 可知，溶液吸光度值受溶液浓度以及液层厚度的影响。

$$A = \lg \frac{I_0}{I} = \lg \frac{1}{T} = K \cdot b \cdot c = \varepsilon \cdot b \cdot C \tag{5.13}$$

式中：A 代表实验液的吸光度；ε 代表摩尔吸收系数；T 代表透过率；C 代表化合物浓度。

对于特定化合物而言，在不同的波长下，其对应的 ε 也不同，但当波长一定时，其对应的 ε 为特定常数[23]。ε 代表了某一物质对特定波长光的吸收能力，是定性测量化合物特别是有机物的指标之一。其大小也因此成为了显色反应和衡量分析灵敏度的依据。

根据朗伯–比尔定律可知，当液层厚度一定时，吸光度值和溶液的浓度呈线性关系，可根据如下几种分析方法来定量分析吸光度值。

(1) 绝对值法。根据式 (5.13) 可知，若摩尔吸收系数以及液层厚度保持不变，可根据溶液吸光度值求出化合物浓度[22]，即

$$C = \frac{A}{\varepsilon \cdot b} \tag{5.14}$$

对于指定化合物，其对应的摩尔吸收系数可通过相关手册查到。

(2) 直接比较法。选择一种浓度已知为 C_x 的检测液，测定其对应的吸光度值 A_x，再检测实验后检测液的吸光度值 A_y，通过式 (5.15)，即可得出实验后检测液的浓度值 C_y。

$$\frac{A_x}{C_x} = \frac{A_y}{C_y} = \varepsilon \cdot b \tag{5.15}$$

(3) 标准曲线法。标准曲线法指的是，通过检测一系列不同已知浓度溶液的吸光度值，基于朗伯–比尔定律，建立关于吸光度值与捕捉剂浓度的经过坐标原点的直线，称之为标准曲线。再测量实验溶液对应的吸光度值，即可通过曲线得出实验溶液的浓度。

由于本次实验试样比较多，故选用标准曲线法来定量检测实验后的亚甲蓝溶液浓度。

3) 标准曲线的建立

通过紫外分光光度计测得在吸收光谱为 664nm 时，亚甲蓝具有最大的吸光度值，在该波长处，其对吸光度值灵敏度最高。调整紫外分光光度计的参数，使其在波长为 664nm 处进行测量。

实验中先调配 1L 浓度为 150μmol/L 的亚甲蓝标准溶液，再通过稀释法将标准液稀释成浓度分别为 1μmol/L、3μmol/L、8μmol/L、10μmol/L、15μmol/L、20μmol/L、25μmol/L 的亚甲蓝溶液，使用紫外分光光度计对其吸光度值进行检测，其结果如表 5.2 所示，拟合曲线如图 5.13 所示。

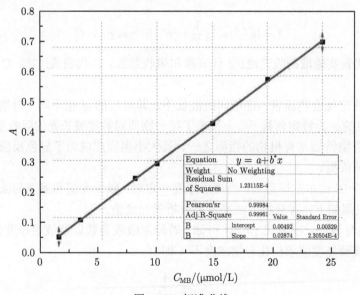

Equation	$y = a + b^* x$		
Weight	No Weighting		
Residual Sum of Squares	1.23115E-4		
Pearson'sr	0.99984		
Adj.R-Square	0.99961	Value	Standard Error
B	Intercept	0.00492	0.00329
B	Slope	0.02874	2.30504E-4

图 5.13　标准曲线

表 5.2 样品的吸光度值列表

亚甲蓝溶液浓度 /(μmol/L)	吸光度值			平均吸光度值
	1	2	3	
1	0.032	0.034	0.030	0.032
3	0.091	0.093	0.092	0.092
8	0.235	0.240	0.239	0.238
10	0.289	0.292	0.290	0.290
15	0.432	0.430	0.434	0.432
20	0.562	0.588	0.585	0.588
25	0.720	0.717	0.720	0.719

对以上数据进行线性拟合, 可知亚甲蓝浓度和吸光度值之间的关系式为

$$A = 0.028\,74C_{MB} - 0.004\,92 \tag{5.16}$$

由上式可得

$$C_{MB} = \frac{A + 0.004\,92}{0.028\,74} \tag{5.17}$$

由 MB 和 ·OH 的关系得

$$C_{·OH} = C_{MB1} - C_{MB2} = \frac{A_1 - A_2}{0.028\,74} \tag{5.18}$$

式中: C_{MB1} 和 C_{MB2} 分别代表反应前后溶液中亚甲蓝的浓度值, A_1 和 A_2 分别代表反应前后溶液的吸光度值。

为了进一步研究激光空化过程中化学强化和机械强化之间的对应关系, 实验使用的激光空化发生装置和上一章一样, 只是将水箱中的水换成了调配好的亚甲蓝检测液。

1) 亚甲蓝检测液浓度的确定

根据上一章的实验结果, 可知在 $H = 1$mm, $E = 500$mJ 时, 靶材性能达到最佳强化效果, 分析原因是: 在此条件下激光空化最强烈。为了确定激光空化检测液的浓度, 需要先探究检测液浓度的影响, 实验在 $H = 1$mm, $E = 500$mJ 的条件下进行。

实验选择亚甲蓝溶液作为捕捉剂来定量检测实验产生的羟自由基, 由此来表征激光空化强度。为了探究亚甲蓝浓度和羟自由基浓度之间的关系, 实验选择浓度分别为 3μmol/L、6μmol/L、9μmol/L、12μmol/L、15μmol/L、18μmol/L 的亚甲蓝溶液, 通过紫外分光光度计可测得 $C_{·OH}$-C_{MB} 之间的关系如图 5.14 所示。

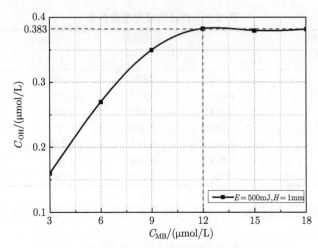

图 5.14　亚甲蓝浓度和羟自由基浓度之间的关系

从图 5.14 可知，当亚甲蓝浓度处于较低值时，其对羟自由基的捕捉率很低，随着亚甲蓝浓度进一步增大，相对应的捕捉率也增加；当 C_{MB} 达到 $12\mu mol/L$ 时，羟自由基捕捉率趋于稳定；继续增加 C_{MB}，羟自由基浓度不再随之改变。这说明，存在一个定值 $C_{MB0} = 12\mu mol/L$，当 $C_{MB} < C_{MB0}$ 时，羟自由基过量，亚甲蓝过少，不能与其完全反应；当 $C_{MB} = C_{MB0}$ 时，羟自由基正好与亚甲蓝反应完全；$C_{MB} > C_{MB0}$ 时，过量的亚甲蓝不再发生反应，其值不再发生变化。同时，在亚甲蓝浓度为 $12\mu mol/L$ 时，紫外分光光度计的吸光度为 0.8，其灵敏度最高。所以，选择检测液的亚甲蓝浓度为 $12\mu mol/L$。

2) 溶液对激光空化靶材机械性能的影响

由于上一章实验使用的水箱液体为水，而这一章节为了定量检测激光空化过程产生的羟自由基，改用了亚甲蓝溶液。为了研究激光空化过程中机械强化作用以及化学强化之间的关系，需要验证两种不同溶液对于靶材机械性能的影响，这里主要选择残余应力作为比较参量。

实验在激光能量为 $500mJ$，离焦量为 $1mm$ 的条件下进行，靶材为 2A02 铝合金，使用的实验方案为上一章中的方案一，即靶材与激光束入射方向垂直放置。

当水箱液流为水时，靶材对应的残余应力以及影响区半径通过上一章节可知，$\sigma_{RS} = -52.2MPa$，$D = 2.1mm$；当水箱液流为亚甲蓝溶液时，靶材表面产生的残余应力以及影响区半径为 $\sigma_{RS} = -51MPa$，$D = 2.0mm$；两者的靶材表面形貌差别不大，残余应力相差 $1.2MPa$，属于正常的误差范围。可知，不论液流使用的是水，还是亚甲蓝溶液，激光空化实验都不受影响，这是因为激光产生空化效应的强弱取决于液流的击穿阈值，这里选用的检测液浓度很低，只有 $12\mu mol/L$，对水的击穿阈值基本没影响，也就对激光空化的强化程度以及其产生的机械效应没有影响。因此选择低浓度的亚甲蓝溶液来检测羟自由基含量的方法合理有效。

3) 实验步骤

配制浓度为 12μmol/L 的亚甲蓝检测液，使用紫外分光光度计测量其吸光度值，将其倒入水箱中，搅拌均匀；调整激光能量以及离焦量至一定数值，开启激光，进行激光空化是否会产生羟自由基的验证实验。每完成一次实验，将部分反应溶液放入试管中，使用紫外分光光度计对其吸光度进行检测，之后再在相同实验条件下，进行两次实验，将测得的吸光度值进行平均处理。

通过改变激光能量及离焦量探究不同激光能量与离焦量对于羟自由基含量的影响实验，相同实验都进行三次，平均处理。完成实验，进行数据处理。

5.4.3 激光能量对羟自由基含量的影响

为了验证激光空化过程中能产生羟自由基，选用三组情况作对照实验：① 不开启激光 (未发生激光空化)；② 激光能量 $E=500$mJ，$H=0.5$mm，无靶材；③ 激光能量 $E=500$mJ，$H=0.5$mm。三组实验得到的检测液吸光度值见表 5.3。

表 5.3　三组对照实验下的检测液吸光度值

实验方案	实验①	实验②	实验③
吸光度值 A	0.330	0.327	0.323

从实验①和实验③可以看出，检测液经过实验后，其吸光度值减小，说明实验过程中产生了羟自由基，并与部分亚甲蓝发生了化学反应，使亚甲蓝浓度降低，进而导致其吸光度值降低；从实验②和实验③可以看出，实验过程中存在靶材时，其吸光度值较没有靶材时低，说明有靶材存在时，检测液中产生了更多的羟自由基，靶材的存在与否对激光空化的化学强化效应有所影响。这是因为当 H 较小时，仍有部分激光能量作用于靶材，此时激光等离子体与靶材的相互作用会产生除了空泡产生的高温高压区域外的第二个局部高温高压区域，水分子键在其作用下被撕裂，产生羟自由基。

通过该对照实验，验证了激光空化过程产生羟自由基的设想，其产生机制主要包括两方面：① 激光空化过程中的空泡脉动溃灭作用；② 当离焦量 H 较小时，激光等离子体与靶材表面的相互作用。这两种作用，随着 H 的变化，对羟自由基浓度的影响发生动态变化。

接下来需要探究的是改变空化条件对于羟自由基含量即激光空化强度的影响，这里改变的参数是激光能量以及离焦量，通过探索三者之间的关系，为接下来探讨激光空化强度即化学强化效应与机械效应间的关系奠定基础。

实验使用上一章节的激光空化实验装置，将水箱中的水换成浓度为 12μmol/L 的亚甲基蓝检测液，每进行一次实验，及时对实验后的检测液吸光度值进行检测，并倒掉水箱中的检测液，换成全新的检测液，进行下一次实验。实验同样在激光能量 E 分别为 100mJ、200mJ、300mJ、400mJ、500mJ，离焦量 H 分别为 0、0.5mm、1mm、1.5mm、2mm 的参数下进行。

图 5.15 为激光空化实验中产生的羟自由基浓度与离焦量、激光能量之间的曲线图。其中图 5.15(a) 为不同激光能量对羟自由基浓度的影响曲线图，图 5.15(b) 为不同离焦量对羟自由基浓度影响的曲线图。为了使激光能量与羟自由基之间的关系更加明显，更好地表明两者间的变化趋势，现将在不同离焦量下的曲线整体下移，使五组曲线在 E =100mJ 时处于相同的起点 (图 5.15(b))。

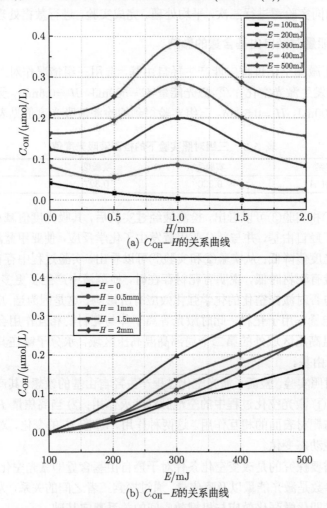

(a) $C_{OH}-H$ 的关系曲线

(b) $C_{OH}-E$ 的关系曲线

图 5.15　羟自由基浓度与激光能量、离焦量之间的关系曲线

从图 5.15(a) 中可以看出，当 E =100mJ 时，羟自由基的浓度很低，最大处的

羟自由基浓度出现在 $H=0$ 时，为 0.042μmol/L；随着 H 值的增大，羟自由基数值逐渐减小，到 $H=1\text{mm}$ 时减小到 0.004μmol/L；当 H 进一步增大时，已经没有羟自由基产生。

当激光能量很小时，激光空化强度很低，只产生极少量的羟自由基 (基本可忽略不计)。当 $H=0$ 时，激光等离子体直接作用于靶材表面，此时对于羟自由基有影响的主要是激光等离子体与靶材的相互作用。当 H 进一步增大，到 $H=0.5\text{mm}$ 时，作用于靶材表面的激光等离子体减少，等离子体冲击减小，产生的羟自由基浓度降低；随着 H 进一步增大，到 $H=1\text{mm}$ 时，基本没有激光等离子体与靶材的相互作用，微量的羟自由基是由低强度的激光空化产生的。随着 H 的进一步增大，激光空化强度进一步降低，溶液中几乎没有产生羟自由基。

当 $E=200\text{mJ}$ 时，羟自由基浓度开始有明显的变化。在 $H=1\text{mm}$ 时，羟自由基浓度达到最大值，为 0.086μmol/L。在 $H=0$ 时，羟自由基浓度仅为 0.076μmol/L，此时激光能量与靶材直接作用，空泡脉动过程非常不完整，空化产生的微射流冲击力以及辐射冲击波都太小，激光空化强度很低，其对羟自由基含量的影响基本可忽略不计，可认为此时羟自由基含量只受激光等离子体与靶材相互作用的影响。随着 H 值增大，$0<H<0.5\text{mm}$ 时，空化泡的脉动过程逐渐展开，激光空化强度缓慢增强，激光等离子体与靶材的相互作用逐渐降低，但是激光空化强度还是太低，产生的羟自由基量不足以弥补因激光等离子体与靶材相互作用减小而减少的羟自由基量，此时对于羟自由基含量起主导作用的还是激光等离子体与靶材的相互作用，因此羟自由基浓度仍处于降低的状态。在 $H=0.5\text{mm}$ 时，其值降低至 0.056μmol/L。当 $0.5\text{mm}<H<1\text{mm}$ 时，空泡的脉动膨胀过程更加完整，虽然激光等离子体与靶材相互作用进一步减小，但是激光空化的强度随着空泡脉动溃灭过程更加充分而增强，从 $H=0.48\text{mm}$ 起，激光空化逐渐占据主导作用，因此其羟自由基浓度呈慢慢上升的趋势。为了描述方便，此处定义一个参量 H_1，代表激光空化在生成羟自由基的两种作用中开始占据主导地位时的 H 值；$H=0.83\text{mm}$ 时，激光等离子体与靶材相互作用减少量与激光空化强度增加量得到平衡，同样定义一个参量 H_2，代表激光等离子体与靶材相互作用减少量与激光空化强度增加量达到平衡时的 H 值。$H=1\text{mm}$ 时羟自由基浓度达到顶峰，为 0.086μmol/L，此时激光等离子体与靶材之间没有相互作用，羟自由基只来自于激光空化作用，因此关于 H_1 和 H_2 的概念仅存于 $0<H<1\text{mm}$ 内。当 $1\text{mm}<H<2\text{mm}$ 时，空泡距离靶材表面过大，导致上下泡壁面压力差逐渐减小，空泡脉动次数增多导致能量消耗，激光空化强度逐渐降低，羟自由基浓度随之降低。

当 $E=300\text{mJ}$，$0<H<0.5\text{mm}$ 时，此处的变化趋势与 $E=200\text{mJ}$ 有所不同，其他处基本类似，只是羟自由基浓度随着 H 的变化曲线不论在升高还是降低时都更加陡峭，且产生的羟自由基浓度更高。这是因为在 $0<H<0.26\text{mm}$ 时，激光等离

子体与靶材的相互作用占据主导作用，随着 H 增加，其相互作用的减少使羟自由基含量呈现下降趋势；在 $H=0.26\text{mm}$ 时，激光空化逐渐占据主导作用，曲线因此开始呈现上升趋势；当 $H=0.49\text{mm}$ 时，激光等离子体与靶材相互作用的减少量与激光空化强度的增加量得到平衡。从中可以看出不论 H_1 还是 H_2 都较 $E=200\text{mJ}$ 时提前了很多，这是因为激光能量的增加，导致激光空化强度进一步提高，大幅度提高了羟自由基浓度。

当 $E=400\text{mJ}$、500mJ 时，基本的变化趋势与 $E=300\text{mJ}$ 相差不大，但是由于能量的提高，激光空化的强度进一步提高，空泡脉动溃灭产生的能量更大。在 H 很小的时候，虽然脉动溃灭周期不完整，但是由于激光能量很大，对于激光空化强度的提升弥补了因脉动周期不完整造成的空化强度不足。因此在 H 很小的时候，激光空化就占据了主导作用，在激光能量为 400mJ 时，$H_1=0.19\text{mm}$，$H_2=0.28\text{mm}$，较激光能量为 300mJ 时进一步减小；当激光能量为 500mJ 时，H_1 和 H_2 都已消失不见，说明激光能量对于激光空化强度的提高非常明显，这是因为在激光空化过程中存在着能量的转移，激光能量传递给激光空化泡，以空泡脉动能量、溃灭微射流及辐射冲击波的形式扩散，激光空化强度和激光能量呈正相关关系。

由图 5.15(b) 可知在 5 组不同 H 值的曲线中，$H=1\text{mm}$ 的曲线最陡峭，这是因为在 $H=1\text{mm}$ 时，空泡的脉动和溃灭过程最完整，空泡上下泡壁面压力差正合适，且空化泡溃灭微射流以及辐射冲击波不至于因 H 过大而产生能量损失，因此此处的激光空化强度最高，其曲线最陡峭。根据曲线的斜率依次排序，H 值从 1.5mm、0.5mm、2mm 到 0，这是因为当 $H\geqslant 1\text{mm}$ 时，由于间距的增大，作用于靶材表面的激光等离子体很少，可忽略其影响，此时对于羟自由基含量有影响的主要是激光空化作用；当激光能量达到 300mJ 时，激光空化程度比同样条件下的激光等离子体与材料的相互作用更高。这也是在 $E<300\text{mJ}$ 时，$H=0$ 处的斜率较 $H=2\text{mm}$ 处更大，在 $E>300\text{mJ}$ 时，斜率反转过来的原因。

图 5.16 中激光能量分别为 200mJ 和 300mJ，可以发现当 $H=1\text{mm}$ 时，产生的羟自由基含量最大，证明此时激光空化强化作用最强，结合图 5.15 可得当 H 一定时，激光空化强化作用随着激光能量的提升而迅速增强。

5.4.4　激光空化强度与靶材性能对应关系

根据不同离焦量及激光能量对于 2A02 靶材表面残余应力、表面形貌及激光空化强度的影响规律，本节通过分析其曲线关系，分析了激光空化强度与 2A02 靶材性能强化之间的关系。

为便于观察，将图 5.8 和图 5.15 按照不同激光能量进行整合，如图 5.17 所示。从图 5.17 中可以看出，当激光能量为 100mJ，在 $H=0$ 时，羟自由基值达到最大值；当 $0<H<1\text{mm}$ 时，羟自由基值逐步降低；当 $1\text{mm}\leqslant H<2\text{mm}$ 时，羟自由基

浓度趋近于零；而在此激光条件下，靶材表面残余应力值基本没有受到影响。从上一章结论可知，当 $0< H <1mm$ 时，作用于靶材表面的除了激光等离子体与靶材的相互作用，还有未完全成型的激光空化作用；当 $1mm \leqslant H <2mm$ 时，激光等离子体作用于靶材的能量基本为零，只有激光空化对靶材性能有影响。根据上一节的结论可知，当 $0< H <1mm$ 时，羟自由基浓度在 $H =0$ 处达最大值后，处于逐渐降低的趋势；当 $1mm \leqslant H <2mm$ 时，羟自由基浓度基本为零，而此时只有激光空化作用的影响，羟自由基浓度却为零，也就证实了 $E =100mJ$ 时，激光能量太小，激光空化程度太低以至于没有达到热点效应的条件，无法撕裂水分子键，也就无法产生羟自由基。这也从原理上解释了靶材表面残余应力值基本没变化这一现象，对上一章的结论进行了验证。结合两个实验的结果，可认为当 $E =100mJ$ 时，激光空化强度太低，对于靶材性能基本没影响；无论 H 值为多少，都无法达到对靶材表面性能进行强化的效果。

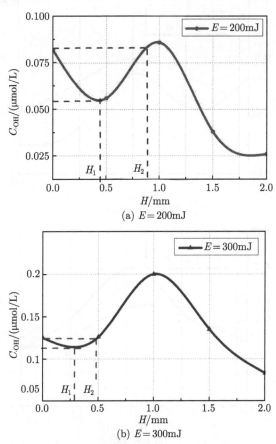

图 5.16　羟自由基浓度和离焦量间的关系曲线

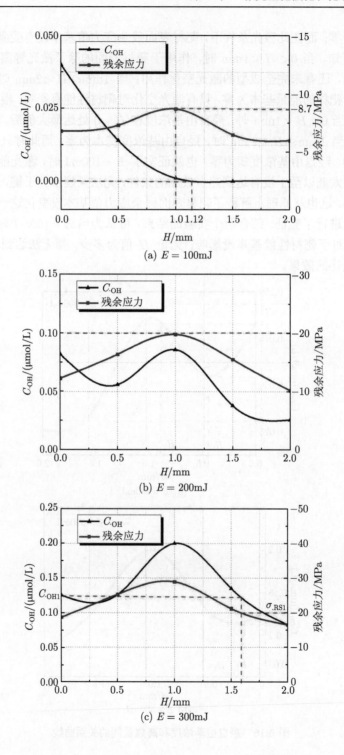

(a) $E = 100\text{mJ}$

(b) $E = 200\text{mJ}$

(c) $E = 300\text{mJ}$

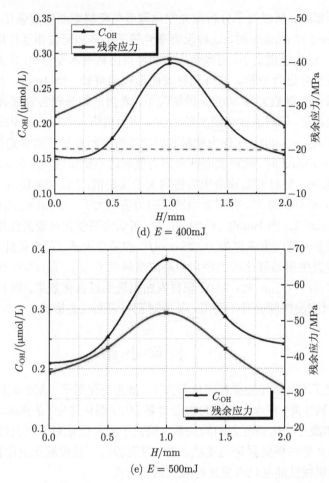

图 5.17 不同激光能量下羟自由基浓度及靶材表面残余应力与离焦量间的关系曲线

当激光能量大于 100mJ 时，羟自由基浓度以及靶材表面残余应力值都发生了较明显的改变，在 H =1mm 时均达到了最大值，且两者的最大值均随着激光能量的增加而增加。通过观察羟自由基含量的变化，可证明上一章靶材表面残余应力增加的解释，是因为激光能量的增加导致激光空化强度增加，作用于靶材表面的作用力也相应增加，靶材表面残余应力值提升明显；当 H =1mm 时，羟自由基含量达到最大值，也证明了在此处激光空化强度最强，空泡在此处脉动溃灭周期最完整，空泡微射流和溃灭冲击达到最大，靶材表面有最大的残余应力值。当 H 值更大时，羟自由基含量的减少也证明了上一章 H >1mm 后，靶材表面残余应力值减小的结论。

由于当 $0 \leqslant H < 1$mm 时，激光等离子体与靶材表面的相互作用会对羟自

由基浓度有所影响，所以为了分析激光空化强度与靶材表面性能强化之间的关系，只分析当 1mm≤ H ≤2mm 时，这种没有激光等离子体和靶材相互作用的情况。当 E =100mJ 时，激光能量太小，对残余应力和羟自由基基本没影响，因此在 200mJ≤ E ≤500mJ 范围内进行分析。结合靶材表面形貌图可知，当 1mm≤ H ≤2mm 时，靶材表面在激光能量最大为 500mJ 的情况下，表面形貌都较实验前有所改善。

根据实验结果，靶材表面未经实验时残余应力值为 −4MPa，以其表面残余应力提升 5 倍，即 σ_{RS1}=−20MPa 作为靶材表面性能得到明显提升的界定值。从图 5.17 可看出，当 E=200mJ 时，靶材表面残余应力值都达不到该值；当 E =300mJ，$C_{.OH}$ ≥0.125μmol/L 时，靶材表面残余应力值均大于设定值，即 −20MPa；当 E 进一步提高到 400mJ 和 500mJ 时，靶材表面残余应力值均大于 −20MPa，而此时 $C_{.OH}$ 也均大于 0.125μmol/L。当 1mm≤ H ≤2mm 时，可认为要使靶材表面性能产生明显的强化效果，则至少需产生浓度为 0.125μmol/L 的羟自由基，可设定此值为使 2A02 靶材表面性能发生明显强化时的羟自由基浓度阈值 $C_{.OH1}$，即 2A02 靶材表面强化临界值。当 $C_{.OH}$ ≥ $C_{.OH1}$ 时，2A02 靶材表面出现明显强化效果；当 $C_{.OH}$ < $C_{.OH1}$ 时，2A02 靶材表面性能提升不明显，甚至对靶材表面没有影响。

5.5　本　章　小　结

本章探究了不同激光能量和离焦量值下，激光空化对于 2A02 靶材表面残余应力值 (靶材机械性能) 和水中的羟自由基含量 (化学强化效应) 的影响。通过对比机械性能强化和激光空化强度之间的关系，探究了激光空化对于靶材性能强化的原因和实现 2A02 靶材性能强化的实验条件，进而验证了通过激光空化强度 (羟自由基含量) 来对机械性能强化程度进行表征的可行性。

通过建立捕捉羟自由基的方法以及检测方案，实现对羟自由基的定量检测，进而验证了激光空化过程能产生羟自由基的设想；改变激光能量以及离焦量的值，探究了激光能量、离焦量和羟自由基含量之间的关系，并结合激光空化对于靶材机械性能的影响，以羟自由基浓度表征激光空化强度，分析了激光空化强度与靶材机械性能之间的对应关系。

参 考 文 献

[1] 黄诗彬, 郭钟宁, 黄志刚, 等. 管道内激光诱导空化泡动力学研究 [J]. 机床与液压, 2016, 44(5): 14-18.

[2] 李应红. 激光冲击强化理论与技术 [M]. 北京: 科学出版社, 2013.

[3] Guo Q W, Liu Y X, Jia Q, et al. Ultrahigh sensitive multifunctional nanoprobe for the detection of hydroxyl radical and evaluation of heavy metal induced oxidative stress in

live hepatocyte[J]. Analytical Chemistry, 2017, 89(9): 4986-4993.

[4] 曾柏文, 郭钟宁, 印四华, 等. 激光诱导空化微纳制造实验研究 [J]. 机电工程技术, 2017, 46(1): 14-17.

[5] 徐荣青. 高功率激光与材料相互作用力学效应的测试与分析 [D]. 南京: 南京理工大学, 2004.

[6] Askar'yan G A, Moroz E M. Pressure on evaporation of matter in a radiation beam[J]. Soviet Journal of Experimental and Theoretical Physics, 1963, 16(6): 1638, 1639.

[7] Berthe L, Sollier A, Peyre P, et al. The generation of laser shock waves in a water-confinement regime with 50ns and 150ns XeCl excimer laser pulses[J]. Journal of Physics D: Applied Physics, 2000, 33(17): 2142-2145.

[8] 赵瑞. 激光等离子体冲击波传输及空泡动力学特性研究 [D]. 南京: 南京理工大学, 2007.

[9] Soyama H. Introduction of compressive residual stress using a cavitating jet in air[J]. Transactions of the Asme Journal of Engineering Materials and Technology, 2004, 126(1): 123-128.

[10] Rayleigh L. Ⅷ. On the pressure developed in a liquid during the collapse of a spherical cavity[J]. Philosophical Magazine, 1917, 34(200): 94-98.

[11] 刘欢, 赵秀娟, 刘鹏涛, 等. 空化水射流冲蚀纯铜的表面空蚀损伤 [J]. 机械工程材料, 2017, 41(5): 68-73.

[12] Naudé C F, Ellis A T. On the mechanism of cavitation damage by non-hemispherical cavities collapsing in contact with a solid boundary[J]. Journal of Basic Engineering, 1961, 83(4): 648-656.

[13] Plesset M S, Chapman R B. Collapse of an initially spherical vapour cavity in the neighbourhood of a solid boundary[J]. Journal of Fluid Mechanics, 1970, 47(2): 283-290.

[14] Neppiras E A, Noltingk B E. Cavitation Produced by ultrasonics: theoretical conditions for the onset of cavitation [J]. Proceedings of the Physical Society, 1951, 64(64): 1032.

[15] Kobayashi K, Kodama T, Takahira H. Shock wave-bubble interaction near soft and rigid boundaries during lithotripsy: numerical analysis by the improved ghost fluid method[J]. Physics in Medicine and Biology, 2011, 56(19): 6421-6440.

[16] 徐荣青, 赵瑞, 沈中华, 等. 固壁面附近激光产生空泡脉动过程的实验研究 [J]. 光学学报, 2006, 26(4): 571-575.

[17] Jyoti K K, Pandit A B. Water disinfection by acoustic and hydrodynamic cavitation[J]. Biochemical Engineering Journal, 2001, 7(3): 201-212.

[18] Matsui T, Miura A, Iiyama T, et al. Effect of fatty oil dispersion on oil-containing wastewater treatment[J]. Journal of Hazardous Materials, 2005, 118(1): 255-258.

[19] 许文林, 何玉芳, 王雅琼. 超声空化气泡运动方程的求解及过程模拟 [J]. 扬州大学学报 (自然科学版), 2005, 8(1): 55-59.

[20]　Suslick K S, Gawienowski J J, Schubert P F, et al.　Sonochemistry in non-aqueous liquids[J]. Ultrasonics, 1984, 22(1): 33-36.

[21]　米谷茂. 残余应力的产生和对策 [M]. 北京: 机械工业出版社, 1983.

[22]　张凤华, 廖振方, 唐川林, 等. 空化水射流的化学效应 [J]. 重庆大学学报 (自然科学版), 2004, 27(1): 32-35.

[23]　王洁. 分光光度法在金属材料化学分析中的应用 [J]. 化工管理, 2017, (12): 1-2.

第6章　近壁面激光空化强化

6.1　概　　述

本章首先对比了 2A02 铝合金近壁面空化前后组织和力学性能参数的差异，进一步验证了激光诱导空泡对材料的强化理论及其机制的有效性和可行性[1]。材料组织上的变化主要是表征其表面形貌的平整度、光滑度和粗糙度等；力学性能参数主要是表征材料的硬度、残余应力分布等。倘若材料表面形貌的硬度较高，则说明该材料具备良好的抗疲劳和应力腐蚀特性；材料表面分布有残余压应力，则说明在其表面发生了塑性变形，其抗磨损性能增强，使用寿命得到了延长[2-5]；相反如果出现了残余拉应力，则说明材料的抗疲劳特性大大降低，其疲劳寿命也随之降低。

在表征近壁面空化前后组织和力学性能参数的差异的基础上，分别在水、乙醇、硅油三种不同液体中利用激光在 2A02 铝合金靶材附近激发空泡，分析了激光空泡在靶材壁面的整个脉动过程[6]。通过对比不同液体和不同泡壁距离 H 下靶材的表面形貌，揭示空泡溃灭的射流和冲击波对于靶材表面的作用机制；改变实验参数，进一步讨论激光能量和不同的泡壁距离 H 对于材料表面残余应力的影响[7]；将实验得到的残余应力值与仿真得到的射流压力进行对比，分析不同液体中激光空化对 2A02 铝合金表面作用机制的差异。

6.2　激光空化对机械性能的影响

6.2.1　激光空化对材料作用分析

本节将从激光能量和离焦量这两个方面出发，以 2A02 铝合金为实验对象，分别探究激光诱导空化强化前后材料的组织和力学性能的变化特征，并且探究其与能量、离焦量之间的变化规律，进而验证强化理论的合理性和有效性，为以后该技术的普及打下实验基础[8]。

当激光入射方向与靶材作用平面垂直时，便会引入离焦量这个概念[9]。所谓离焦量是指激光焦点相对于靶材作用表面之间的垂直距离。如图 6.1 所示，离焦量有正负之分，我们规定以 $H=0$ 的位置为几何原点，激光入射方向为正，当 H 为正时，此时处于正离焦；相反当 H 为负时，此时处于负离焦。激光的功率密度 I_0、光

斑的直径 d 与离焦量 H 息息相关, 它们之间的关系如下[10]:

$$I_0 = \frac{4E_0}{\tau\pi d^2} = \frac{4E_0 f^2}{\tau\pi D^2 H^2} \tag{6.1}$$

$$d = D \cdot \frac{H}{f} \tag{6.2}$$

式中: E_0 为激光单次脉冲能量; τ 为激光的脉宽; D 为激光束的原始直径; f 为透镜的焦距。因此在垂直状态下, 激光焦点与靶材之间的垂直距离 H 即为离焦量。

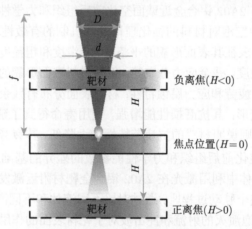

图 6.1   靶材与焦点的相对位置

由式 (6.1)、式 (6.2) 可知, 激光的能量和离焦量对激光诱导空化强化的实验效果有着深刻的影响。倘若离焦量 $H < 0$, 其焦点位置处于靶材的下方, 靶材上方处的激光功率密度远远小于焦点处, 而不足以达到水介质的击穿阈值产生空化效应[11]。因此本章将着重从激光的能量和离焦量 $(H \geqslant 0)$ 这两方面出发, 探究材料在强化前后表面组织和力学性能的变化, 总结并分析其变化的规律。

6.2.2   激光能量对表面形貌的影响

金属表面的微观形貌对疲劳寿命有着极大的影响, 表面粗糙度是指表面微小间隙和峰谷的不平度, 是表征材料表面形貌的特征参数之一[12]。表面粗糙度对材料的耐磨性、疲劳强度、耐腐蚀性、密封性和刚度有着深刻的影响。评定粗糙度的参数主要有轮廓算术平均偏差 R_a 和轮廓最大高度 R_z, 一般情况下主要使用 R_a 做为评定参数, 在较小平面时可以选择 R_z。图 6.2 为计算轮廓算术平均偏差示意图。在取样长度 l 内 R_a 的表达式[13] 为

$$R_a = \frac{1}{l} \int_0^1 |y(x)| \mathrm{d}x \tag{6.3}$$

式中：l 为取样长度；$y(x)$ 为轮廓偏距。

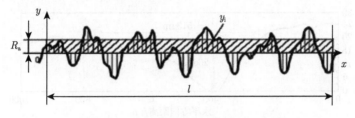

图 6.2 轮廓算术平均偏差计算示意图

　　利用 OLYMPUS-DSX500 型光学显微镜对五个不同激光能量对应的作用点进行了测量，测得其截面轮廓如图 6.3 所示。

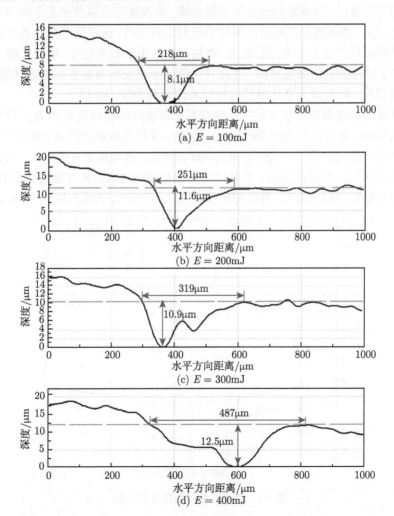

(a) $E = 100\text{mJ}$

(b) $E = 200\text{mJ}$

(c) $E = 300\text{mJ}$

(d) $E = 400\text{mJ}$

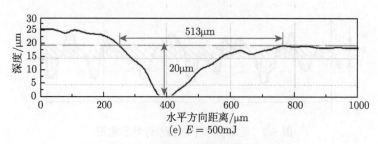

(e) $E = 500\text{mJ}$

图 6.3　不同激光能量的截面轮廓图

　　试样表面的截面轮廓是以波峰和波谷的方式表现出来的[14]。从图 6.3 的截面轮廓图中可以看出，随着激光能量的不断递增，其深度方向以及水平方向的作用区域都随之变大，曲线的起伏程度由相对平坦到大的波动。这说明了激光诱导的空化强化方法使试样发生了不均匀的形变，表层部位发生了塑性变形，形成了微小的凹坑，改变了试样的表面微观形貌，在图片上便显示出波峰与波谷高低起伏的状态。因此可以说明，激光诱导空化能够对材料表面起到强化的作用。

　　同样使用粗糙度仪可以测得空化强化后试样表面的粗糙度大小 R_a。以作用点的轴线为中心，向两边每 5μm 测得一个 R_a 值，并记录数据如图 6.4 所示。从图中可以看出经过空化强化后，试样表面变得比较粗糙，其粗糙度有所增大，这说明了该方法改变了试样的表面形貌，并且伴随着粗糙度的增大。随着激光能量的增大，作用点的粗糙度也随之增大；并且粗糙度在作用点的中心区域是最小的，向四周递

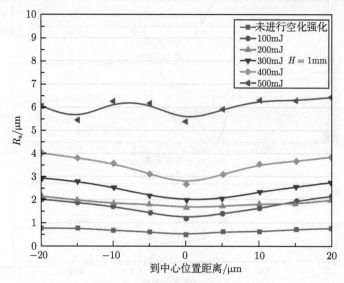

图 6.4　激光能量对粗糙度的影响

增。原因可能是由于冲击波和微射流的作用，在四周产生了熔渣，因而导致四周的粗糙度增大。总而言之，激光诱导空化技术在对材料的表面形貌和粗糙度方面有着一定程度的影响。

6.2.3　激光能量对硬度的影响

材料任意一处抵挡硬物压入内部程度的能力定义为硬度，用来反映材料的软硬程度。硬度既可以被认为是材料抵抗弹塑性形变或破坏的特性，亦可以被认为是阻止变形或反变形的水平。硬度的大小与材料的弹性、塑性、强度和耐磨性有着紧密的联系[15]。一般情况下，材料的硬度变大，其强度也随之变大。

硬度的分类有很多，不同的分类其对应的测量方法也不尽相同。本章采用的硬度测量方法是压入法，即在实验中采用 HXD-1000TMSC/LCD 型维氏显微硬度计测量试样表面和截面方向的显微硬度，其实物如图 6.5 所示。

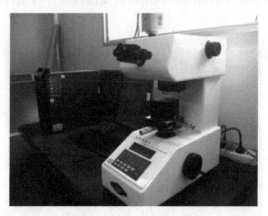

图 6.5　维氏显微硬度计

HXD-1000TMSC/LCD 型维氏显微硬度计的测量原理是[16]：利用正四棱锥体（相对面成 136°）的金刚石压头压入试样表面。在试样上加载一定大小的力，待压头压入试样表面，保持预定的时间后进行卸载，在试样表面呈现出一个正四棱锥体压痕。在测取压痕的两条对角线长度后，可以根据估算或者查表得出相应的硬度值。图 6.6 是维氏显微硬度计测量硬度的原理图，图 6.7 是试样截面深度方向的典型压痕。显微硬度值的计算公式如下：

$$HV = \frac{2P}{d^2} \sin \frac{\alpha}{2} \tag{6.4}$$

式中：P 表示加载载荷；d 表示压痕中两条对角线的长 d_1 和 d_2 的均值；α 表示金刚石压头中相向两面的夹角 (136°)。本实验所使用的加载负荷是 0.49N，保荷时间为 10s。

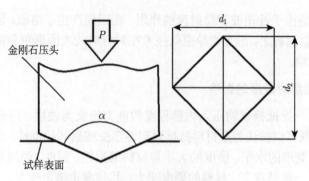

图 6.6   维氏显微硬度原理图

利用激光器按照图 5.7 所示的强化路线对试样进行强化后，共得到 5 组试样，每个试样上都对应着 5 个作用点。利用维氏显微硬度计对试样进行表面和截面方向的硬度检测[17]。

图 6.7   2A02 铝合金深度方向的典型压痕

在测量表面硬度前，首先利用抛光机对 25 个作用点进行抛光打磨，去除其表面的熔渣，以利于后续的测量工作。以 3# 试样上的 5 个点为例，利用维氏显微硬度计对其表面的硬度进行测量，得出其在表面方向的硬度分布图，如图 6.8 所示。从图中可以看出，在离焦量 H 同为 1mm 的情况下，靶材基体的硬度在 135HV 左右，经过激光空化强化后其表面的硬度随着激光能量呈递增趋势，当激光能量达到 500mJ 时，其硬度大约为 142.6HV，提高了 5.6%，为普通喷丸强化的 1.2~1.5 倍。这进一步说明了使用该方法是可以让材料表面起到强化作用的，材料的抗击打能力得到了较为明显的提升。可以从微观的角度来解释出现该变化趋势的原因：激光诱导了空泡，其能量通过等离子体传递到空泡内部并引发冲击波和高速微射流。当冲击波和高速微射流作用在试样表面，这些力的作用导致靶材微观结构发生了变化。随着激光能量的不断增加，冲击力随之变大，靶材表面出现了大量的位错，晶粒得到大幅的细化，有效地抑制了靶材表面疲劳裂纹的萌生和扩展，因而表现出硬度随着激光能量的增大而上升。

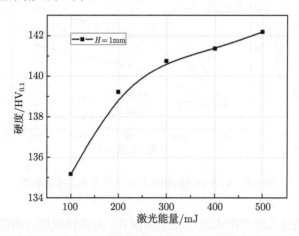

图 6.8 铝合金表面硬度随激光能量的变化趋势图

接着对 $1^{\#} \sim 5^{\#}$ 试样上的点分别进行硬度测量，得出表面硬度、激光能量和离焦量三者之间的关系曲线，如图 6.9 所示。从图中可以发现，试样表面硬度并不总是随着激光能量的增加而增大的，当 $H=0$ 时，其表面硬度反而不断下降，位于基体硬度之下。当 $H=0.5\text{mm}$ 时，在 $100\text{mJ} \leqslant E \leqslant 300\text{mJ}$ 这段区间内，激光能量越大，表面硬度也就越大；$300\text{mJ} \leqslant E \leqslant 500\text{mJ}$ 时，激光能量增大，试样表面硬度反而下降。其他情况下的 H 值，其表面硬度则一直随着激光能量的增大而递增。出现该现象的原因可能如下：当 $H=0$ 时，激光的焦点位于靶材表面，由于缺少了黑漆或铝箔这样的能量吸收层，所以激光大部分的能量作用在靶材表面，对靶材表面造成了烧蚀作用，而没有出现空化强化作用。激光能量越大，烧蚀作用越明显。当材料被烧蚀后，其表面硬度会出现不同程度的下降，因而测得其表面硬度随着激光能量的增加而不断减小。当 $H=0.5\text{mm}$ 时，激光焦点与靶材之间隔着一层薄薄的水层，在 $100\text{mJ} \leqslant E \leqslant 300\text{mJ}$ 的情况下足以诱导空泡出现空化强化作用；$300\text{mJ} \leqslant E \leqslant 500\text{mJ}$ 时，激光直接击穿薄薄的水层，会在靶材表面形成轻微的烧蚀，因而靶材硬度会下降。不难看出随着 H 的逐步增加，激光焦点与靶材之间的水层足够的厚，能够充分地进行空化强化作用，因而其硬度会不断增加。但是过厚的水层虽然可以充分发生空化作用，但是空化伴随着的冲击波和高速微射流向近壁面冲击的过程中会被水层消耗掉一部分而不能全部达到靶材表面，所以其强化效果会出现不同程度的削弱。经过多次实验可知，当 $H=1\text{mm}$ 时，测得其硬度变化趋势最为明显，因此其强化效果是最佳的。

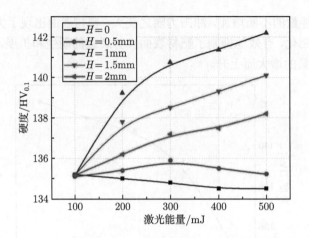

图 6.9   铝合金表面硬度与激光能量的关系曲线图

利用线切割技术将作用点沿中心平面剖开，对试样深度方向的硬度进行测量。由以上实验知试样在 $H=1$mm 时的作用效果较好，因此以激光能量 $E=500$mJ 为例，使用同样的方法对 3# 试样的深度方向硬度进行了测量，其在深度方向的硬度分布如图 6.10 所示。从图中可以看出从试样表面沿深度方向，其截面硬度大致趋势是随着深度的增大而减小，越靠近作用表面硬度的波动越大。试样表层硬度大约为 143HV，最终在距离试样表面约 70μm 深度以下，其硬度大致在基体硬度 135HV 上下波动，最终趋于平稳。这种趋势表明激光诱导的空化效应对材料表面确实可以起到强化效应，其表层硬度比基体硬度提高了 8HV，提高了 5.9%，其强化效果是普通喷丸强化的 1.2~1.5 倍，大大提高了材料表层的抗击打能力。我们把超过基体硬度的区域定义为强化层，可以看出强化层对应的深度 h 大约等于 70μm。

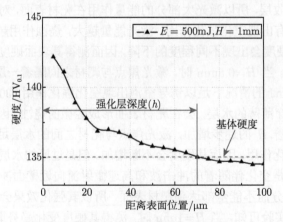

图 6.10   铝合金深度方向的硬度分布图

对 3# 试样其他对应能量的作用点截面硬度进行了测量，图 6.11 所示即为不同激光能量下，激光诱导空化强化后的 2A02 铝合金在深度方向的截面硬度随着深度的变化趋势图。从图中可以看出激光能量越大，硬度越高。同时不管激光能量多大，截面硬度的大致趋势总是随着深度的增大而减小，最终趋于定值，接近基体硬度。并且其下降趋势分为两个阶段：深度在 0~25μm 的区间范围内截面硬度变化趋势明显，超过 25μm 到基体的区间范围内其截面硬度变化趋势较缓。出现该规律的原因可能是由于较强的激光能量使得空泡溃灭所释放的冲击波和高速微射流作用在靶材表面，能量沿着深度方向从表层向材料内部传播，其表层吸收了大部分的能量，发生了较明显的塑性变形，硬度随之提高，出现了明显的变化；随着深度的增加，能量随之削弱，硬度的变化趋势也就随之较缓。同时不同的激光能量下其对应的强化层深度也不尽相同，激光能量越大，其强化层深度也随之越大。而当激光能量 $E = 100\text{mJ}$ 时，未能在试样上测出明显的硬度变化，始终在基体硬度附近波动，这说明当激光能量过小时不利于空化强化作用。由此可见，利用一定强度的激光诱导空化强化技术是可以对材料表面进行强化的，从侧面说明了该方法的可行性，可以用来作进一步的研究和推广应用。

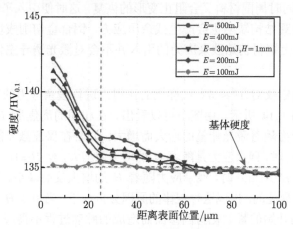

图 6.11 铝合金深度方向的硬度趋势图

6.2.4 激光能量对残余应力分布的影响

本节将从残余应力的角度出发，探究在激光诱导空化下不同的激光能量对作用点残余应力分布的影响。本节使用的应力测试仪是由邯郸高新技术发展公司——爱斯特研究所研发的 X-350A 型 X 射线应力测定仪，如图 6.12 所示。利用该仪器对 2A02 铝合金试样的残余应力进行测试和分析。测量方法是利用侧倾固定 Ψ 法，交相关用来定峰；辐射 Coka；衍射晶面 114；Ψ 角分别取 0°、25°、35°、45°；2θ 扫

描范围为 $162° \sim 152°$，扫描步距为 $0.1°$；计数时间为 $1s$；X 射线管电压为 $20kV$，X 射线管电流为 $5mA$，准直管直径是 $2mm$。

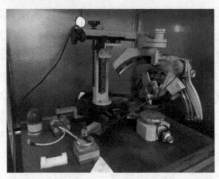

图 6.12　X-350A 型 X 射线应力测定仪

利用 X 射线应力测定仪测得试样初始的残余应力，其结果如图 6.13 所示。从图中可知，在常温下其初始残余应力为 $-2MPa$，原因可能是在试样的预处理过程中，砂纸磨削会伴随着产生少量的热量，导致试样发生冷塑性变形，表层晶粒形状发生了变化，同时周围材料又会阻止变形的恢复，这时便引入了残余压应力；同时材料自身的微观结构缺陷也会产生残余压应力，铝合金切削成块状也会引入残余压应力。事实上靶材初始残余应力的引入并不会对激光诱导空化强化实验造成干扰。

利用应力测定仪对 $1^{\#} \sim 5^{\#}$ 试样上的作用点进行残余应力的测量，测得的残余应力结果如图 6.14 所示。由图中可以看出，在相同的离焦量 H 的情况下，作用点上的残余应力随着激光能量的增大而增大；同时在保证激光能量相同的情况下，$0 \leqslant H < 1mm$ 时，残余应力是随着 H 的增大而增大，至 $H=1mm$ 时残余应力达到峰值，接着当 $H > 1mm$ 时，残余应力随着 H 的增大反而减小。可见在 $H=1mm$ 处的强化效果是最佳的。出现这种规律的原因分析如下：当 $0 \leqslant H < 1mm$ 时，激光诱导的空泡从刚开始的紧贴靶材固壁面而造成的脉动过程不彻底，导致了靶材表面的残余应力不是很大；随着 H 值的逐渐增加，空泡与近壁面之间形成较厚的水流层，使得空泡的上下壁面形成了足够大的压力差，空泡产生了彻底的脉动过程，并且在溃灭的过程中释放出较大的冲击波和高速微射流，叠加的两种作用力使得材料表面产生了很大的残余压应力。H 在这段区间内越大，冲击力也就越大，产生的残余应力也就越大，因而在图上表现出单调递增的趋势。随着 H 逐渐增大至 $H > 1mm$ 时，在这段距离内空泡可以不受固壁面的限制进行充分的脉动，并在溃灭时释放出冲击波和高速微射流，但由于较大的 H 值导致空泡和固壁面之间的水流层厚度较大，极大地削弱了冲击波和微射流的作用力，因此在这段区间内随着 H 的增加，作用在材料表面的力越小，从而测得的残余压应力也就变小，在图上便表现出单调递减的趋势。

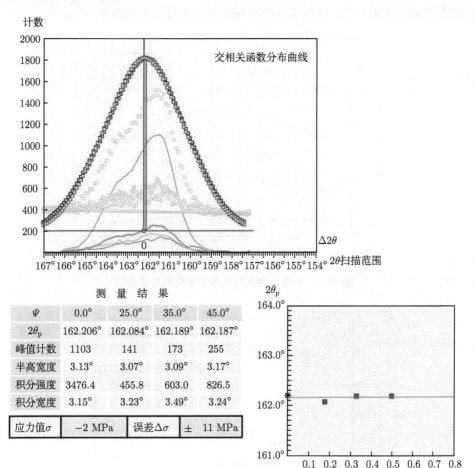

图 6.13 空化强化前试样的 X 射线衍射分析结果图

值得说明的是，当激光能量在 100mJ 时，试样的初始残余应力为 −5MPa，测得其表面的残余应力变化趋势不是很大，说明当激光能量较小时，作用在靶材上的力很小不足以在靶材表面产生塑性变形，也就不会有更多的残余压应力。这一点也正好验证了图 6.11 所示的硬度变化趋势。

利用同样的方法对切开的试样进行深度方向残余应力的测量。以 3# 试样中 $E = 500$mJ 为例，测量其截面深度方向的残余应力分布情况，如图 6.15 所示。从图 6.15 可以看出，深度方向的残余应力都显示为残余压应力，说明确实对材料本身起到了一定程度的强化作用；而且曲线整体趋势是深度越大，残余压应力越小，最终在初始残余应力 −5MPa 附近上下波动。和硬度测量一样，我们把大于初始残余应力的区域定义为强化层，从图中可以看出其强化层深度大约等于 80μm。倘若考虑到测量误差因素的存在，可以说该深度与硬度定义的强化层深度一致。

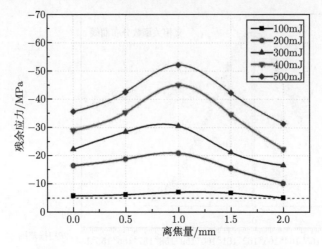

图 6.14　表面残余应力与激光能量的关系曲线

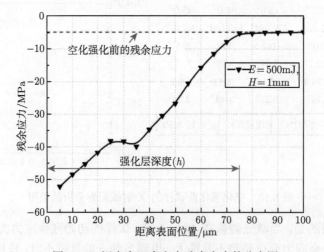

图 6.15　铝合金深度方向残余应力的分布图

　　对 3# 试样其他作用点截面进行了深度方向的残余应力的测量，数据结果如图 6.16 所示。从图上可以看出，激光能量越大，残余压应力也就越大，强化层的深度越大。而且不管激光能量多大，残余应力总是随着深度的增加而减小。需要指出的是，当激光能量在 100mJ 时，未测得其深度方向的残余应力有较为明显的变化趋势，始终在初始残余应力值附近波动，这说明当激光能量过小时，不利于材料的空化强化。该现象正好与硬度的变化规律相吻合。由此可见，只要激光能量达到一定程度,无论是从硬度的角度还是残余应力的角度,都可以说明其诱导的空化效应可以对材料表层起到强化作用。

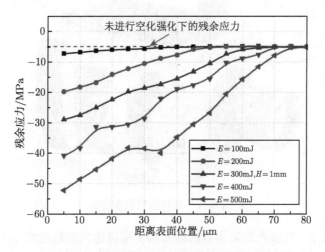

图 6.16　铝合金深度方向的残余应力变化趋势图

6.3　不同液体近壁面激光空化效果

6.3.1　不同液体激光空化强化实验系统

实验装置搭建如图 3.1 所示。

在实验中,通过控制不同的泡壁距离 H、改变激光能量、更换水槽中液体等方式来研究激光空化在不同条件下的效果,分析激光空泡作用在靶材上的机理,同时分析造成作用效果差异的原因。在整个光束系统中加入扩束镜的目的是增加激光束的聚焦角,使激光束的焦点在液体中形成单点击穿,只形成点光斑,从而有效改善激光束在液体中容易形成多点击穿和产生带状光斑的问题。

同时为了观察激光空泡的整个脉动过程,在实验中加入了美国约克科技公司生产的型号为 Phantom V2511 的高速摄像机,高速摄像机的实物图如 6.17 所示。满幅拍摄速度为 25 600 帧/s,分辨率为 1280 × 800,同时分辨率最低为 128 × 128 时,此时可以达到的拍摄速度为 4 600 000 帧/s,芯片的感应能力达到 ISO122332 标准,最小的曝光时间为 1μs,并具备高速存储扩展能力;光源采用 Cavitar 激光片光源,输出功率为 400W,波长为 690nm 或 810nm,没有斑点和色差,可以完美应用于高质量图像。

图 6.17　高速摄像机实物图

一般情况下，当激光的聚焦点的激光功率密度达到或超过液体的击穿阈值时，就会产生等离子空泡。根据国内宗思光、王江安等[18] 的研究，当激光能量为 150mJ 时就能在水、乙醇和硅油中观察到空泡的整个脉动过程。同样本实验的目的是利用激光空泡在固壁面靶材溃灭时产生的射流及冲击波压力，因此在激光空化实验中选取激光的最小能量为 150mJ，并以 50mJ 为梯度逐渐递增，最后确定选取的激光能量分别为 150mJ、200mJ、250mJ、300mJ 及 350mJ，同时确定空泡中心与靶材表面的距离 H 分别为 0、0.5mm、1mm、1.5mm 和 2mm。

6.3.2　近壁面激光空泡的脉动过程

在实验中将高速摄像机放置在水槽的一侧，并使摄像机的镜头对准激光空泡产生的位置，将 Cavitar 激光片光源放置在水槽的另一侧，并保证高速摄像机、光源处于同一直线上。这样可以清晰地观察到完整的激光空泡和固壁面靶材。

本节主要以典型硅油空泡为研究对象，一方面研究激光空泡的脉动特性，另一方面将实验结果与仿真结果进行比较。图中 6.18 给出了当 $H=2mm$ 时，激光击穿硅油液体产生的空泡在铝合金靶材壁面的脉动图像序列，拍摄到的黑色圆形区域为空泡，而下半部分黑色区域为铝合金靶材。图 6.19 为在 $H=2mm$ 时由 FLUENT 仿真得出的完整硅油空泡脉动图。

可以观察到当 $H=2mm$ 时，整个硅油空泡的脉动过程中的球状外形是十分稳定的，同时在硅油空泡溃灭的时候也没有看到明显的射流产生。这是由于固壁面距离硅油空泡很远，固壁面原本对于空泡脉动产生的不对称影响、流场内的压力梯度差影响都十分小。同时鉴于硅油本身的黏度很大，空泡壁在脉动过程中的加速度和速度都比较小，因而整个空泡脉动过程十分缓慢，空泡壁的外形十分稳定，即使在空泡溃灭的最后时刻, 空泡的外形也没有偏离球形很多, 并且空泡壁的表面很光滑。

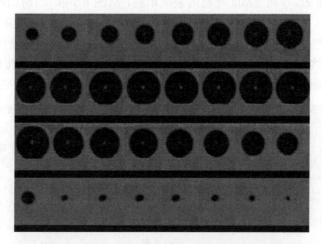

图 6.18 $H = 2\text{mm}$ 时拍摄的硅油空泡脉动图

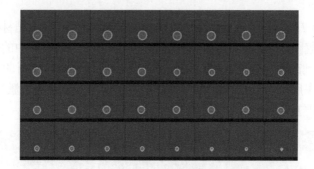

图 6.19 $H = 2\text{mm}$ 时模拟的硅油空泡脉动图

在整个过程中, 可以看出硅油空泡多次脉动的过程。开始时, 硅油空泡内部压力大于周围液体的压力, 空泡开始膨胀, 挤压周围的液体向外扩散。空泡的体积逐渐变大, 而空泡的内部压力变小, 直到空泡内部的压强等于周围液体的压强, 但此时空泡不会立即被压缩, 它会由于惯性的作用继续膨胀, 半径达到最大。随后空泡在周围液体压力作用下开始压缩, 直到空泡内部的压力再次等于周围液体的压力, 同样空泡会由于惯性继续压缩, 直到空泡半径到达最小, 然后空泡又开始第二次膨胀和压缩过程。而空泡会经历多次的脉动过程, 直到空泡能量消耗殆尽, 破碎成很小的气泡, 最终在浮力的作用下上浮到液体的表面[19]。同样在模拟中也可以观察出硅油空泡两次完整的脉动过程, 这与实验拍摄的结果基本一致, 表明整个模拟的结果是可取的。

6.3.3 液体对合金表面性能的影响

图 6.20 为 $H=0$ 时 2A02 靶材的表面形貌，从图 6.20(a)、(b)、(c) 可以看出激光空化处理后，靶材表面都形成了凹坑，整个凹坑中心发黑现象严重，同时靶材粗糙度也很大，整个靶材表面出现了严重的烧蚀。分析原因是由于激光焦点距离靶材过近，激光虽然击穿了液体，但没有产生空泡，此时激光的能量直接作用在了靶材上，而靶材表面没有黑漆或黑胶带的保护，因而对靶材产生了烧蚀破坏。

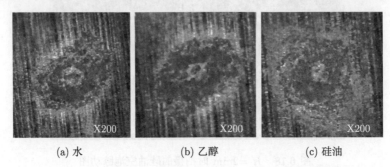

(a) 水   (b) 乙醇   (c) 硅油

图 6.20 $H=0$ 时不同液体中 2A02 靶材的表面形貌图

图 6.21 为 $H=1$mm 时水、乙醇和硅油三种液体中，2A02 靶材被激光空化作用后的表面形貌图。从图中可以看出，当 $H=1$mm 时，三种液体中的靶材表面变黑的现象明显得到改善，分析认为这是由于激光作用的焦点与靶材的表面距离相对较远，当激光作用时，中间的液体层被击穿产生了空泡，避免了激光的直接作用，因此表面没有严重的烧蚀。

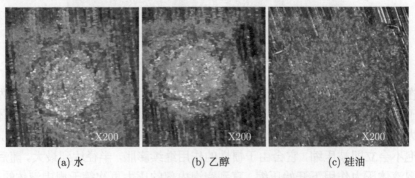

(a) 水   (b) 乙醇   (c) 硅油

图 6.21 $H=1$mm 时不同液体中 2A02 靶材的表面形貌图

从图 6.21(a)、(b) 可以看出被作用的 2A02 靶材表面的区域整体比较光滑，粗糙度也比较小，同时原本由机加工和打磨试样而产生的划痕也明显减少；而图 6.21(c) 中靶材的整个被作用区域刮痕依稀可见，同时整个作用区域的粗糙度和光滑度稍差。分析原因为当 $H=1$mm 时，激光在水、乙醇和硅油中产生的空泡溃灭后的射流及高压冲击波都能够作用在靶材表面,但是相比于水和乙醇,硅油空泡溃灭时产生的射流速度很小,同时空泡脉动过程中产生的冲击波压力也由于空泡和靶材之间的液体层受到了很大的削弱,因此硅油中 2A02 靶材的表面改善效果不明显。

图 6.22 为 $H=2mm$ 时,2A02 靶材的表面形貌图,从图 6.22(a)、(b)、(c) 中看出靶材表面的形貌改变相对很小,只有局部很小区域有黑斑,同时表面粗糙度也很大。分析原因为此时激光焦点与靶材的距离很大,液体中产生的空泡在向固壁面靶材移动的过程中需要消耗更多的能量,因而空泡剩余的能量减少,同时空泡在溃灭时产生的射流和冲击波距离靶材较远,使得作用在靶材上的射流和冲击波压力在经过液体层削弱后就更小,从而对靶材表面形貌产生的影响很小,而靶材表面的黑斑仍是受到部分激光的作用。

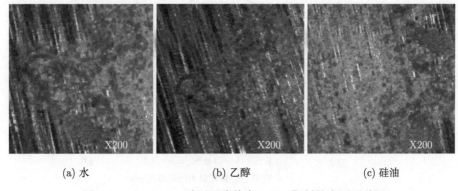

(a) 水   (b) 乙醇   (c) 硅油

图 6.22 $H=2mm$ 时不同液体中 2A02 靶材的表面形貌图

综上,通过实验对比可以看出激光空泡溃灭时的射流和冲击波压力都会对靶材表面的形貌产生影响。对比 $H=0$、$H=1mm$、$H=2mm$ 时靶材的表面形貌,可以看出 $H=1mm$ 时整个靶材的表面形貌和粗糙度的改善效果比较好,此时靶材表面的粗糙度比较小,整体区域光滑;同时通过对比发现不同液体中的激光空化的作用效果差异也较大,当 $H=1mm$ 时,水和乙醇中的激光空化的作用效果对于表面形貌和粗糙度的改善效果明显强于硅油中的作用效果。

利用 X-350A 型 X 射线应力测定仪对 2A02 铝合金试样的残余应力进行测试和分析,衍射晶面 114;ϕ 角分别取 0°、24.2°、35.3°、45°;2θ 扫描范围为 142° ~ 136°,测得试样在常温下的初始残余应力为 −4MPa。靶材表面存在的残余压应力是在加工过程中引入的,在使用砂纸和抛光机的过程中由于磨削热,靶材表面产生塑性变形,表层沿着磨削方向发生变形,晶粒变长,而周围的组织阻碍其变形恢复,进而产生残余压应力;另一种可能是靶材存在缺陷引起的残余应力层。但在实验过程中,靶材的初始残余应力的存在对后续的激光空化实验影响不大。

　　图 6.23、图 6.24 分别显示了水、乙醇两种液体中激光空化作用后 2A02 靶材表面残余应力的变化，可以看出两种液体中整个残余应力的变化趋势基本一致。当 $0 \leqslant H \leqslant 1\text{mm}$ 时，随着 H 的增加，靶材表面的残余压应力值逐步增加。分析原因是当空泡与固壁面靶材的距离增加时，空泡不再紧贴在固壁面靶材上，因而空泡的整个脉动和溃灭过程更加充分，同时空泡壁的上下壁面的压力差足够大，使得产生的射流冲击力更大，而此时空泡辐射的冲击波也很大，因而使得靶材的表面产生了很大

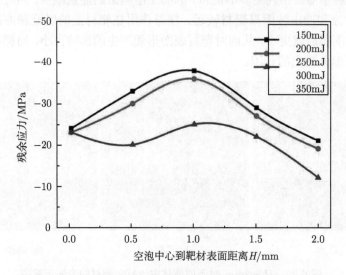

图 6.23　水中激光空化作用后 2A02 靶材表面残余应力图

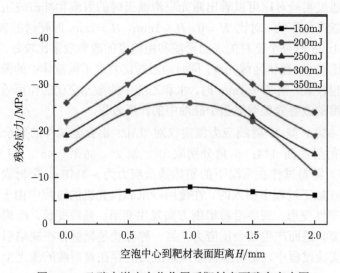

图 6.24　乙醇中激光空化作用后靶材表面残余应力图

的残余压应力。并且在 $H=1$mm 时,靶材表面的残余压应力达到最大值,可以推测此时作用到靶材上的射流和冲击波压力达到最大;而当 $H>1$mm 后,残余压应力随着距离的增加会开始减小,原因是当空泡与固壁面靶材距离过大时,尽管空泡的脉动过程和溃灭受到固壁面靶材的影响很小,但是空泡溃灭的位置距离固壁面靶材过远,它们之间的间隔水层厚度很大,空泡溃灭产生的射流压力和冲击波都会受到很大的削弱,因而使得整个作用在靶材固壁面的压力大大减小,并且可以预见当距离 H 进一步增大时,靶材表面的残余压应力会进一步减小。

可以看出,当激光能量为 150mJ 时,2A02 靶材的表面残余应力基本没有变化,此时对靶材性能的影响基本可以忽略不计,分析原因可能是激光能量为 150mJ 时,能量很小,实验中虽然可以观察到空化泡的现象,但是空泡溃灭时的射流和冲击波都很小,不足以对靶材表面产生影响;当激光能量为 150mJ 时,激光器自身的能量不太稳定,激光束经过几组透镜传播后也会损耗,真正作用到水槽中的能量很小。

而当激光能量超过 200mJ 时,随着激光能量的增大,靶材表面的残余压应力的大小也逐渐增加,主要分析原因是激光能量增大,空泡形成后具有的初始能量也更大,虽然空泡在脉动过程中会消耗一定的能量,但是总的能量还是更大,因此对固壁面靶材形成的射流压力和冲击波压力都会更加大,从而在靶材表面形成更大的残余压应力。

图 6.25 为硅油中激光空化作用后 2A02 靶材表面残余应力的变化,同样当激光能量为 150mJ 时,靶材表面的残余应力基本没有变化。而当 $0\leqslant H\leqslant 0.5$mm 时,残余压应力下降,并且在 $H=0.5$mm 时残余压应力最小。分析原因为当 $H=0$ 附

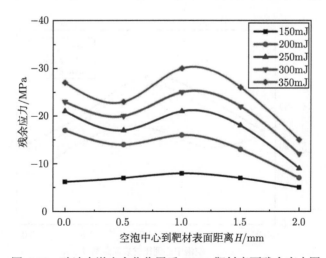

图 6.25　硅油中激光空化作用后 2A02 靶材表面残余应力图

近时，激光很有可能直接作用在固壁面靶材上，类似于激光冲击的效果，从而在靶材表面产生残余压应力；而当 H=0.5mm 时，作用于靶材表面上的为空泡溃灭时的射流压力和冲击波压力的共同效果，硅油本身的性质影响使得射流和冲击波的压力效果弱于激光直接作用在靶材表面产生的残余压应力。当 $0.5\text{mm} < H \leqslant 2\text{mm}$ 时，靶材表面的残余应力也是先增大后减小，根据之前对水和乙醇的分析，可以得出结论：这是硅油空泡溃灭时的射流和冲击波共同作用的结果。

　　图 6.26 给出了当激光能量为 300mJ 时，水、乙醇和硅油中激光空化作用后 2A02 靶材表面残余应力的变化，当 H=0 时，三种液体中靶材的残余压应力值相同，表明此时都是激光直接作用在靶材表面而产生的残余压应力，而不是空泡溃灭时射流和冲击波的作用结果。当 $H > 0$ 后水和乙醇的残余应力图的趋势基本一致，但是在水中靶材表面的残余压应力整体稍大于乙醇中材料的残余应力，硅油中靶材表面的残余压应力最小，而残余压应力的产生能够有效抑制靶材表面疲劳裂纹的萌生和扩展，同时能够抵消使用过程中产生的残余拉应力，提高靶材的使用寿命，因而从这方面看三种液体中的靶材都得到了一定程度的强化延寿作用。图 6.27 为相同条件下模拟得出的射流压力的趋势图，通过对比可以发现仿真得出的射流压力的值小于实际测得的靶材的残余应力，分析原因：在仿真中得到的射流压力为作用在靶材表面的压力，而这种压力虽然对最终的残余应力大小有影响，但却没有必然的联系；仿真中只考虑了空泡溃灭射流的压力，而在实验中是空泡溃灭时的冲击波和射流的共同作用，当两者共同作用于靶材上时，靶材表面的残余应力有所增加。总体结果表明，残余应力的趋势与仿真得出的射流压力趋势基本一致，说明空泡溃灭的射流压力对残余应力的大小起主导作用，同时仿真结果是基本可取的。

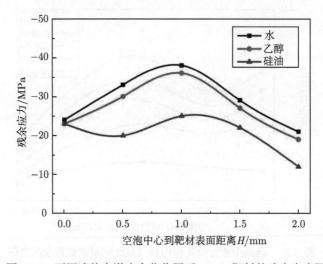

图 6.26　不同液体中激光空化作用后 2A02 靶材的残余应力图

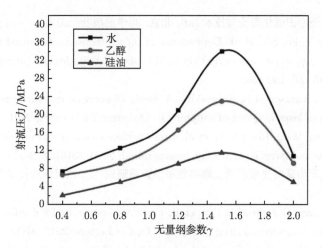

图 6.27 不同液体中空泡溃灭时射流的冲击压力

6.4 本章小结

本章主要以 2A02 铝合金为实验对象,从材料的组织和力学性能两个方面出发,通过对比激光能量、离焦量等参数探究了激光诱导空化强化对材料性能提升的可行性和合理性。选择 2A02 作为实验靶材,通过实验利用激光在水、乙醇、硅油三种不同液体中的靶材附近产生空泡,研究了激光空泡在靶材固壁面的整个脉动过程。对比靶材在不同液体、不同泡壁距离 H 下的表面形貌,分析了空泡溃灭时的射流和冲击波对于靶材表面的作用机制,在实验中改变激光能量和空泡与靶材固壁面的距离,进一步讨论了激光能量和不同的泡壁距离 H 对于靶材表面残余应力的影响,将实验中得到残余应力值与仿真得到的射流压力进行对比,重点分析了不同液体中激光空化对于 2A02 靶材表面作用机理的差异。

参 考 文 献

[1] 徐荣青. 高功率激光与材料相互作用力学效应的测试与分析[D]. 南京: 南京理工大学, 2004.

[2] Suess M, Wilhelmi C, Salvo M, et al. Effect of pulsed laser irradiation on the SiC surface[J]. International Journal of Applied Ceramic Technology, 2017, 14(3): 322-343.

[3] 亓东锋. 纳秒脉冲激光与薄膜相互作用瞬态过程分析及表面功能结构制备 [D]. 厦门: 厦门大学, 2016.

[4] 罗新民, 张静文, 赵广志, 等. 激光冲击强化对 2A02 铝合金疲劳行为的影响 [J]. 中国激光, 2009, 36(12): 3323-3328.

[5] 李应红. 激光冲击强化理论与技术 [M]. 北京: 科学出版社, 2013.

[6] Xu S, Zong Y, Feng Y, et al. Dependence of pulsed focused ultrasound induced thrombolysis on duty cycle and cavitation bubble size distribution[J]. Ultrasonics Sonochemistry, 2015, 22: 160-166.

[7] Dolgaev S I, Karasev M E, Kulevskii L A, et al. Dissolution in a supercritical liquid as a mechanism of laser ablation of sapphire[J]. Quantum Electronics, 2001, 31(7): 593-599.

[8] Lu Y F, Song W D, Hong M H, et al. Laser surface cleaning and potential applications in disk drive industry[J]. Tribology International, 2000, 33(5): 329-335.

[9] 李旭. 激光离焦量对光束质量及焊接效果的影响研究 [J]. 武汉职业技术学院学报, 2017, 16(3): 21-26.

[10] Park M A, Jang H J, Sirotkin F V, et al. Er: YAG laser pulse for small-dose splashback-free microjet transdermal drug delivery[J]. Optics Letters, 2012, 37(18): 3894-3899.

[11] Poritsky H. The collapse or growth a spherical bubble or cavity in a viscous fluid[J]. Journal of Applied Mechanics Transactions of the ASME, 1951, 18(3): 332-333.

[12] Larsson L, Pilipchuk S P, Giannobile W V, et al. When epigenetics meets bioengineeringA material characteristics and surface topography perspective[J]. Journal of Biomedical Materials Research Part B: Applied Biomaterials, 2017, (20): 54-60.

[13] Abbruzzese G, Lücke K. A theory of texture controlled grain growth—I. Derivation and general discussion of the model[J]. Acta Metallurgica, 1986, 34(5): 905-914.

[14] 李雨澄. 飞秒激光双光子聚合加工扫描路径的规划 [D]. 长春: 长春工业大学, 2016.

[15] Zhang S, Duncan J H. On the nonspherical collapse and rebound of a cavitation bubble[J]. Physics of Fluids, 1994, 6(7): 2352-2362.

[16] 阮野, 王毅, 邱小明, 等. SUS301L 不锈钢 TIP-TIG 焊接头组织与性能的研究 [J]. 焊接技术, 2017, (5): 26-29.

[17] 刘祥. 基于 CCD 图像处理技术的维氏硬度检测 [J]. 现代制造技术与装备, 2017, (1): 95-97.

[18] 宗思光, 王江安, 马治国. 激光空泡的溃灭发光及冲击波辐射 [J]. 中国激光, 2010, 37(4): 1000-1006.

[19] 吴坤. 2A02 铝合金近壁面激光空泡溃灭特性及作用机理研究 [D]. 镇江: 江苏大学, 2016.

第7章　激光空化抗空蚀性能提升

7.1　概　　述

空化引起的空蚀破坏出现在水力机械叶片、轮毂区域时，会严重影响水力机械的工作效率和安全性能，所以金属材料抗空蚀性能的分析也广受学者关注。材料抗空蚀性能的高低不仅受水力设备中的工作环境的影响，也取决于材料自身的性能，其表面硬度的高低、晶粒的大小、表面形貌的粗糙度以及外力作用下相变的程度都将引起抗空蚀性能的改变。近年来，材料抗空蚀性的研究主要分为两个部分，即空化空蚀产生作用机理和提高水力设备中金属材料的抗空蚀性能，通过空化空蚀理论模型，探讨空蚀作用机理，从而抑制或避免空蚀现象的产生，或者通过不同的强化方法来提高关键部件的耐蚀性能[1]。

激光空化对金属材料形成的作用效果同样也是影响其抗空蚀性能的因素之一，本章探讨了空蚀现象的表征方法，分别对铸铁和铝合金两种材料的抗空蚀性能进行分析，采用激光空化与超声波空蚀实验相结合的方法，对比激光空化作用前后区域的力学性能和微观形貌变化趋势，详细讨论了激光空化作用下材料抗空蚀机理，同时为后文中材料抗空蚀性能实验的探讨提供较为完整的理论依据。

7.2　水机材料的抗空蚀性

在空蚀机理方面，研究学者通常以空化溃灭的作用效果以及金属材料的承载能力为基础，建立空化空蚀理论和仿真模型，当作用效果接近或大于金属表面的最大承受应变时，在空化溃灭的长期作用下，金属表面便会出现断裂、剥离等空蚀现象[2]。Kristensen 等早在 1978 年就阐述一种适用于常见金属的基础模型，计算出空化溃灭的能量与空泡数量、密度分布等参数的关系，并给出这些材料的空蚀孕育周期[3]。Berchiche 等在 Kristensen 的研究结果上，对基础空蚀模型进行优化，将空蚀问题的研究拓展到韧性材料上，总结出金属表面空蚀凹坑深度与材料表面硬化层的应变分布的关系，定量地分析了金属表面的空蚀现象[4]。Wang 等通过仿真模拟的方法研究了空化空蚀作用下刚性材料的疲劳过程，分析了空化现象的疲劳效应与材料表面典型凹坑成形的作用关系，并阐述了相同外观条件下的不同部件与材料疲劳寿命的关系[5]。Momma 等采用 PVDF 压力传感器测量了空泡溃灭时的压力, 将铝合金试样安置在相关的实验环境中, 对比分析了试样上空蚀凹坑与压力数据的关系, 为动态测量空化射流压力提供了一种新思路[6]。Soyama 通过实验测量了铝合金、铜等材料的空化冲击阈值, 分析了空蚀速率与空化冲击能量之间的关系, 并提出了一种通过空蚀速率和冲击能量等参数来定量预测空蚀现象的方法[7]。

在材料的抗空蚀性能提升方面, 研究人员从开发耐蚀性能好的材料或涂层工艺角度入手, 深入探讨分析两种方法的可行性。柳伟等探讨了 CrMnN 不锈钢、20SiMn 低合金钢等应用于水轮机材料的抗蚀性能, 通过实验测量分析, 发现 CrMnN 不锈钢的耐蚀性能相对较好[8]。邓友通过对 QAl9-4 和 HSn70-1 两种铜合金的空蚀研究, 详细介绍了两种有色金属的抗空蚀性能, 指出铜基合金因其加工硬化特性较为优异, 因此拥有良好的耐蚀性能[9]。Chen 等研究了 690 镍基合金空蚀速率与时间的变化规律, 并指出空蚀现象易出现在晶界、孪晶晶界等区域, 阐述了 690 镍基合金的抗空蚀性能[10]。Duraiselvam 等研究了 NiAl-Ni3Al 金属间化合物涂层的耐蚀现象, 认为镍铝合金涂层良好的加工硬化能力使得 AISI 420 不锈钢获得了优异的抗空蚀性能[11]。Bonacorso 等采用激光光学传感器测量了大型水轮机表面空蚀情况, 并获得了其表面原始和破坏后的形貌数据, 详细介绍了等离子注入、堆焊等涂层技术对水轮机叶片产生的有益效果[12]。2001 年, 马援东等针对水泵部件的空蚀问题进行了激光熔覆试验, 分析了 HT200 铸铁和 ZG230-450 铸钢在合金粉末喷焊、激光熔覆两种处理方法下的抗空蚀程度, 为水泵抗空蚀的研究提供了一种有效的处理方法[13]。刘均波通过等离子体熔覆技术将高铬铁基涂层应用在 Q235 钢材表面, 研究不同时间段材料表面的空蚀情况, 并论证了高铬铁基涂层的抗空蚀效果[14]。张俊将 NiTi 喷涂制备技术与热加工、激光熔覆等方法结合, 探讨了空蚀作用过后涂层的微观组织及相结构, 总结出不同处理方法对 1Cr18Ni9Ti 不锈钢耐蚀性能的强化效果[15]。杜晋等采用超音速火焰喷涂、激光熔覆、物理气相沉积和化学气相沉积等工艺制备涂层提高水轮机材料的抗空蚀和砂浆冲蚀性能[16]。伊俊振通过激光高熵合金化涂层的制备及磨蚀性能研究来提高材料的抗空蚀性能[17]。林秋生采用激光重熔技术对不同基体表面预置的 Ti-Ni 复合涂层进行重熔合金化处理, 以获得 Ti-Ni 合金涂层, 使其具有很强的抗空蚀性能[18]。李海斌采用空蚀腐蚀交互作用机制, 利用三种表面处理工艺在 TA2 和 TC4 合金表面制备了硬质涂层, 提高了 TA2 和 TC4 合金抗空蚀性能[19]。夏铭等采用超音速火焰喷涂技术, 在 1Cr18Ni9Ti 不锈钢基体表面制备 NiCrWFeSiBCCo 合金涂层, 以提高材料抗空蚀性能[20]。

7.3 抗空蚀机理与表征

水力机械在日常的工作过程中或多或少会发生空蚀破坏情况, 严重影响着设备的工作效率和安全性能，因此空蚀机理及空蚀现象的研究方法是分析水力设备中材料抗空蚀性能不可或缺的理论基础。材料的空蚀破坏是由流体中的空泡或空泡群作用引起的，空蚀作用机理的研究大致涉及两个部分：一方面为空泡在流体空间内的脉动特性，其中包括初生、收缩、膨胀及溃灭等变化；另一方面则是空泡溃灭后的能量对材料壁面的作用效果。目前被广泛接受的空蚀机理主要有两种，即机械冲击机制和热、化学腐蚀机制。

7.3.1　机械冲击机制

空泡溃灭时在材料局部区域会产生瞬时的高压冲击波及高速微射流，在空泡不断作用下，材料表面逐渐出现腐蚀、凹坑、剥落等现象。由冲击波和微射流导致的作用应力可达上千兆帕，在毫米级的空间内足以对一般水力机械中的金属材料造成形变或破坏，弱化表面的强度性能及疲劳寿命。

空泡发生溃灭时形成的大量能量会剧烈地压缩空泡附近的流体，从而发展成压力冲击波向四周辐射。有些空泡溃灭时与壁面的距离非常近，冲击波的大部分能量都会作用于材料表面，使得作用区域形成塑性变形，改变材料的形貌，在局部冲击波反复作用下最终引起部件的损伤破坏。

处于材料表面附近的空泡发生脉动时，空泡上、下泡壁处的流体密度存在一定的差距，而下泡壁处的流体因存在材料壁面的约束，其周围的液体运动速度明显小于上泡壁周围的流体，存在于空泡壁周围的速度差使得空泡垂直地向材料表面运动。空泡上泡壁受挤压的区域不断地由周围液体以加速射流的形式填充，最终在材料表面形成具有较大速度的微射流。

在理想状态下，微射流形成的冲击速度及冲击能量的方程分别表示为[16]

$$v = \sqrt{\frac{2}{3}\frac{p_\infty - p_i}{\rho}\left(\frac{R_b^3}{R_l^3} - 1\right)} \tag{7.1}$$

$$E = \frac{4}{3}\pi(R_b^3 - R_l^3)(p_\infty - p_i) \tag{7.2}$$

式中：p_∞、p_i 分别代表空泡外及空泡内的压力大小；ρ 代表流体的密度；R_b、R_l 则分别代表空泡溃灭前后的半径值。从上述方程可以推测出当流体密度维持不变时，随着空泡内外压力差值的增加以及空泡溃灭前半径值的增大，溃灭产生的微射流冲击速度及冲击能量也将逐渐增大，而具有较高速度的微射流足以对局部区域内的材料表面造成损伤破坏。

7.3.2　热、化学腐蚀机制

空泡内部存在一定量的气体，在空泡溃灭时溃灭区域不仅会产生较高的压力，同时也会出现瞬时高温，极高的温度在溃灭的这段时间里不能迅速地将热量分散到四周的液体中，而未耗散的热量直接作用在材料表面，使得局部区域瞬间被加热到材料临界点以上，降低了材料的力学性能并引起表面的破坏。

通常来讲，水泵、水轮机、船用螺旋桨等水力设备的工作环境都比较恶劣，自然界的流体中一般存在氯化钠等化合物或混合物，为设备零部件表面的空蚀创造了条件。在大多数空蚀情况下，化学腐蚀或多或少地加速了材料的空蚀现象，因此可以理解为材料表面的化学腐蚀与机械冲击作用是相互促进的关系，两者共同的作用影响也远远大于其中单独作用效果。流体中材料的空蚀量大致可用类似于冲刷腐蚀的公式来阐述[17]：

$$\Delta W_{\mathrm{T}} = \Delta W_{\mathrm{C}} + \Delta W_{\mathrm{E}} + \Delta W_{\mathrm{EC}} \tag{7.3}$$

式中：ΔW_{T} 代表材料空蚀的整体失重量；ΔW_{C} 代表腐蚀作用下形成的失重量；ΔW_{E} 代表机械冲击作用下形成的失重量；ΔW_{EC} 则代表腐蚀及机械冲击两者共同作用下形成的失重量。化学腐蚀及其与机械冲击的叠加效果在材料空蚀破坏中存在着较为重要的影响，空泡脉动结束后形成的溃灭冲击波及高速微射流首先会对材料表面覆盖的氧化膜造成破坏，将金属材料表面直接暴露在复杂的流体环境中，加快材料的腐蚀速度，同时受化学腐蚀影响后的材料会出现应力集中现象，滋生疲劳裂纹，并加快材料表面空蚀现象的扩展。

7.3.3　抗空蚀研究方法

材料表面的空蚀损伤是一种既短暂又漫长的作用过程，空泡单次溃灭造成的损害发生在几百微秒的时间内，而液体中不断产生的空泡冲击在材料上则是一个持续反复的过程。流体中空泡的脉动与材料表面的空蚀现象涉及流体动力学、物理学、材料学、热学等多个领域，涵盖了流体黏性、表面张力、含气量、杂质浓度，材料屈服强度、疲劳强度、硬度、粗糙度、表面形貌、韧性、流固相热交换、导热性、比热容等较为广泛的方面。针对不同情况下的材料空蚀研究，不仅需要采用不同的实验原理、实验设备以及操作参数，更要将实验的精确性、高效性、经济性等因素包含进去。

材料抗空蚀性能的分析一般会采用直接法或间接法来探讨研究，即将待研究材料置于实际环境中直接进行实验操作或将待研究材料放于与现场环境相似的情景中间接进行实验，前者的研究分析更具有真实性，但需要耗费大量的时间和精力并且经济性较差，后者的实验方式可以高效地进行材料抗空蚀性能研究，分析结果同样具有非常高的准确度，这也是目前被广泛采纳的研究方法。如图 7.1(a) 所示是以文丘里管实验[18] 为代表的直接型研究方法，其诱发的空蚀现象与水力机械中的空蚀存在着大致相同的原理，高速流动液体的截面积的改变会使得流体中局部区域压力低于其他区域压力，产生空化现象。将实验材料安置于文丘里管尾部区域，从而进行贴近实际流体环境中空蚀现象的研究分析。图 7.1(b) 所示是以超声波振荡空蚀实验[19] 为代表的间接研究方法，置于液体中的变幅杆生成连续不断的高幅冲击波降低局部区域的压力，从而产生振荡型空化作用在材料表面并引起空蚀破坏，本书也是采用超声波方法对激光空化作用后的材料进行空蚀实验，进一步分析其抗空蚀性能。

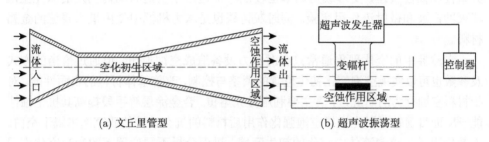

(a) 文丘里管型　　　　　　　　　　　(b) 超声波振荡型

图 7.1　空蚀研究设备原理图

在材料的空蚀研究进程中，出现了多种空蚀程度的表征手段，其中大多数都与材料表面的变化有关，常见的空蚀现象表征方法[9, 20] 如表 7.1 所示，本书在激光空化作用后不同材料空蚀性能的研究中也采用了目前被广泛接受的失重方法。着重介绍了水力机械中常见材料的空蚀机理及研究方法，详细探讨了空泡溃灭冲击波及高速微射流对材料表面的作用机制，对不同材料抗空蚀性能的主要实验研究方法和表征手段进行了解，阐述了激光空化作用后材料抗空蚀性能实验研究的可行性，结合高效性、精确性、方便性等多种因素，确定了本书基于铸铁材料抗空蚀性能实验研究中选用的方法，即超声波振荡空蚀实验方式和失重法等表征方法，同时参考蚀坑法、深度法等表征方式对激光空化作用前后铸铁试样表面的微观形貌进行跟踪观测。

表 7.1　空蚀现象的表征方法

表征方法	判定方式	计量单位
失重法	实验前后试样重量的损失量	g/h
失体法	实验前后试样体积的损失量	cm^3/h
面积法	空蚀破坏的面积与总涂层面积的比值	
蚀坑法	单位时间和面积内试样表面的空蚀麻点数	个
深度法	特定时间及区域内试样表面的平均空蚀深度	μm
放射性同位素法	排水中放射性同位素的含量	毫克镭当量
空蚀破坏时间法	单位面积内达到单位质量破坏所需的时间	$h/(kg·m^2)$

7.4　典型铸铁的抗空蚀性能提升

本节选用 HT200 灰铸铁作为激光空化作用研究中的实验对象,相比于普通钢材料而言,灰铸铁拥有相对低的缺口敏感性、较好的耐磨性和机械加工能力,但其塑性和韧性较差,变形载荷速率也较低[21],适用于极短时间内诱发的激光空泡溃灭冲击波和微射流作用实验。同时灰铸铁也是水力机械中使用最为普遍的金属材料。

自然界中的空化现象通常只会对水力设备造成空蚀损伤,但通过恰当的方式及参数也可以实现空泡空化初生位置的调整与控制,改善基体材料的表面性能。对于材料空蚀行为的研究,学者主要利用激光熔覆、合金涂层等手段提高其抗空蚀性能[22],而目前针对激光诱导空泡强化作用后材料的抗空蚀性能研究基本属于空白。本节采用激光控制液体中空化的初生区域,进而分析不同位置下的激光空化作用对 HT200 铸铁材料三维形貌、残余应力等性能的影响;利用超声波空蚀技术对比分析了激光空化作用对铸铁材料抗空蚀性能的影响,并结合铸铁空蚀失重量及失重率阐述了铸铁试样不同的空蚀阶段,同时对不同空蚀时间段内铸铁材料表面的空蚀形貌及硬度变化进行跟踪观测,为判断材料抗空蚀性能的程度提供了一种较新的表征方法。

7.4.1　激光空化及空蚀实验过程

1. 实验原理

基于激光空化作用下材料的抗空蚀性能实验主要涉及两个实验平台,图 7.2 所示即为实验平台示意图,图 7.2(a) 为激光空化系统,激光器产生的激光束经由导光臂、聚焦透镜等光学设备,最终聚焦于材料壁面上方区域,聚焦点处的激光能量大于水槽中液体的击穿阈值,进而诱导产生空泡,置于底部的三维移动平台则可以快速便捷地调节初生空泡与材料壁面的相对位置;图 7.2(b) 所示为超声波空蚀系统,变幅杆不断产生高幅冲击波作用于材料表面的液体中,引发壁面的空蚀破坏,夹层不锈钢容器与冷却液循环泵组成的恒温循环系统有效地控制了长时间空蚀作用引起的温升现象,保证了空蚀实验的精确度。

2. 试样制备及实验设备

1) 试样制备

试样选用直径为 $\Phi16\text{mm}$ 的圆柱状铸铁,由线切割加工成适合空蚀实验的固定高度,为避免加工痕迹对实验结果造成影响,在实验前分别采用 180 目、400 目、600目、800 目、1000 目、1200 目、1500 目不同粒度的砂纸依次对试样表面打磨,并使用粒度为 3.5μm 的氧化硅抛光粉将打磨后的试样抛光至镜面，最终对浸没在无水乙醇中的试样进行 10min 的超声清洗，去除残留的抛光粉粒或杂质，为避免试样表面发生氧化，将试样浸没在无水乙醇中备用。

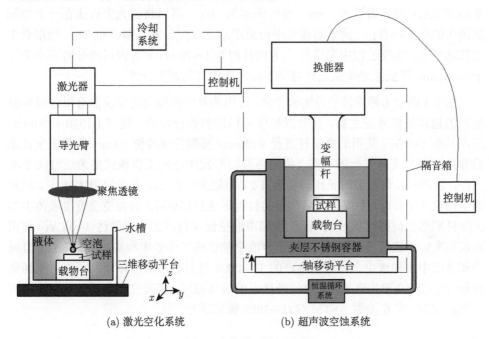

(a) 激光空化系统   (b) 超声波空蚀系统

图 7.2　实验平台示意图

2) 实验设备

激光空化平台实物装置如图 7.3 所示，激光器选用勤德光电科技有限公司

图 7.3　激光空化实验平台

制造的 Nd:YAG 双波长固体激光器，激光器内加装定制的空间隔离器，确保液体表面反射的激光不会影响激光器输出能量的稳定性，实验过程中采用的参数分别为：激光输出波长 $\lambda=1.064\mu m$，激光脉宽 8ns，激光输出能量 200~400mJ 可调，重复频率 1Hz；导光臂臂长 1.8m，旋转角度为 360°，可以将激光束聚焦在一定空间范围内的任意一点；三维电动移动平台采用卓立汉光仪器有限公司 TSA 型组合电动移动平台，实验过程中采用的 z 方向行程为 0~2mm，z 方向运动分辨率小于等于 0.05mm，降低激光聚焦点与材料表面之间距离的测量误差。

图 7.4 所示为超声波空蚀实验平台，选用的是宁波海曙亿恒仪器有限公司研制生产的超声波信号发生器，实验过程中采用的参数分别为：超声工作频率 20kHz，超声功率 1200W，使用的变幅杆直径 Φ20mm，变幅杆峰峰值 60μm，为保证空蚀实验效果或避免实验仪器的损伤，将超声波信号发生器的工作模式定为短时间多次工作，超声时长与间隙时长比设置为 1:2，即超声工作 2s，设备间隙休息 4s。超声波空蚀仪在工作时，不仅会对液体中的材料形成空蚀破坏，也会使浸没在液体中的变幅杆底端出现蜂窝状凹坑，因此当超声波空蚀仪超声工作时间达 3~5h 后，使用砂纸将变幅杆底端表面磨平，保证超声波空蚀仪的工作效率和实验的精确性。恒温冷却系统中同样选用上述公司生产的 DL-2005 型低温冷却液循环泵和夹层不锈钢容器，冷却液介质为蒸馏水，设定循环泵的液体温度，使得空蚀作用环境温度维持在室温左右。实验按照 ASTM G32—1998 标准进行[23]。

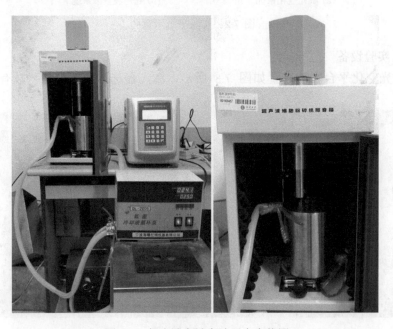

图 7.4　超声波空蚀实验平台实物图

3. 实验方法

将预处理好的试样安置在水槽中的载物台上,调节三维移动平台,改变激光聚焦点与材料表面的垂直距离,即离焦量 H。当激光聚焦点处于材料表面上时,我们可以定义此时的离焦量 $H = 0$,相应地,激光空化作用实验中不同试样分别采用不同的离焦量 H,依次为 0、0.5mm、1mm、1.5mm 和 2mm。同时分别选用不同的激光能量聚焦于水中,试样表面的激光空化作用点呈 "】" 形分布,对应的激光能量分别为 200mJ、250mJ、300mJ、350mJ 以及 400mJ,试样上每一处激光空化区域只作用一次。随后把激光空化作用后的靶材浸没在无水乙醇里超声清洗 10min,并存放于无水乙醇内,防止靶材暴露在空气中发生氧化。

进行超声波空蚀实验时,将激光空化作用后的试样固定在夹层不锈钢里的载物台上,变幅杆底端浸没在蒸馏水中,距水面的高度为 20mm,试样表面与变幅杆底端端面留有 1mm 的间隙,超声工作时间根据实验要求进行相应设置,使用精度为 0.01mg 的电子分析天平测量记录不同超声工作时间内试样的质量损失,而在测量前后需对试样进行超声清洗,去除空蚀过程中黏附在试样上的产物。同时采用扫描电子显微镜跟踪观测不同时间内材料的表面微观空蚀形貌。图 7.5 所示即为超声波空蚀实验中涉及的测量及检测仪器。

　　　　　(a) 电子分析天平　　　　　　　　　　　(b) 扫描电子显微镜

图 7.5　测量及检测设备

7.4.2　激光空化对铸铁性能的影响

对铸铁试样上基体和激光空化作用区域的形貌、硬度及应力分布等表面性能进行测量分析时，采用的仪器分别为超景深三维显微镜、维氏显微硬度计以及 X 射线应力测定仪。其中为方便观测激光空化作用点的完整区域，选用放大倍数为 200 倍的镜头进行试样表面及深度方向的形貌观测；采用 136° 顶角的正四棱锥形压头以 1.96N 的施加载荷压入铸铁试样中，并保持 10s，测取试样表面菱形压痕对角线尺寸，最终计算测量点的硬度值。同时为保证测量的准确性，进行空化作用区域或铸铁基体的硬度测量时都会在不同区域选取 5 个测量点，并取平均值作为测量元素最后的硬度值；分别采用侧倾固定 Ψ 法及交相关法的测量和定峰方法对铸铁试样基体或激光空化作用区域的残余应力进行测量，其他测量参数如下：2θ 扫描步距取 0.1°，衍射晶面为 211，应力常数取值 $-318\text{MPa}/(°)$，X 射线管电压和电流分别为 20kV 及 5mA，Ψ 角分别取 0°、24.2°、35.3° 和 45°，同时采用剥蚀的方法，由表及里每隔 50μm 测取激光空化作用区域纵向的残余应力分布。图 7.6 所示为各测量分析设备实物图。

(a) 超景深三维显微镜　　　　(b) 维氏显微硬度计　　　　(c) X射线应力测定仪

图 7.6　测量分析设备

1. 激光能量对铸铁表面形貌的作用机制

图 7.7 所示为离焦量 $H=0$ 时激光空化作用后铸铁试样表面的三维形貌图，从图中可以看出，单次激光束对材料表面的有效作用区域大约是一个直径为 500μm 的圆形。当激光束能量为 200mJ 时，试样表面作用区域的最大深度为 4.061μm；随着激光能量增大到 400mJ，其作用区域的最大深度也增加至 5.308μm，但在该范围无论激光能量如何变化，试样表面的作用区域都呈现出一种类似于烧蚀的形貌。这是因为当离焦量 H 为 0 时，激光聚焦点正好位于试样表面，激光能量没有足够的空间击穿液体形成空泡，便在材料上形成高温高压的等离子体，直接作用在试样上，同时由于铸铁塑性、韧性较差等特点，激光束或空泡溃灭时的冲击作用并不会在铸铁试样的深度方向形成一个规则的弧形凹坑，而是最终呈现出一种不规则的波浪形轮廓。

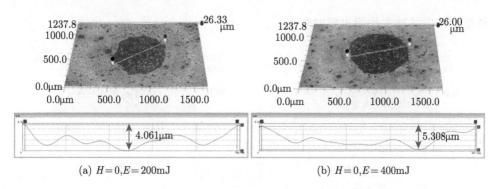

图 7.7　$H=0$ 时激光空化作用后试样表面三维形貌图

　　当离焦量 $H=1$mm 时，激光空化作用后铸铁试样壁面的三维形貌图如图 7.8 所示。采用 200mJ 的激光能量辐射到去离子水中，其诱导出的空泡以及少部分剩余能量会对试样产生冲击作用，在铸铁表面形成最大深度为 4.792μm 的凹坑，当激光能量上升到 400mJ 时，试样表面形变的最大深度也增大至 5.343μm。当激光能量的变化一定时，处于 $H=1$mm 条件下的最大深度增幅明显小于 $H=0$ 条件下的增幅，这是因为当离焦量 $H=0$ 时，铸铁试样的变形程度基本取决于激光能量的大小，与空泡溃灭冲击作用无关，而当离焦量变为 1mm 时，不同能量的激光束都足以击穿水介质形成空泡，对试样表面造成冲击，而直接作用在铸铁表面的激光能量只是初始能量中极少的一部分，因此该离焦量下的试样变形程度更多地取决于空泡溃灭产生的能量值。

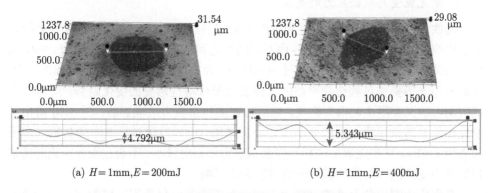

图 7.8　$H=1$mm 时激光空化作用后试样表面三维形貌图

　　同样地，图 7.9 所示为离焦量 $H=2$mm 条件下试样表面的三维形貌图，从图中可以看出两种激光能量下试样变形的最大深度仅为 2.923μm 及 3.420μm，都小于前两类离焦量 H 环境下的最大深度。此时激光聚焦点与试样表面的距离为 2mm，空泡向铸铁壁面运动时，其溃灭产生的能量会随着间隔距离的增加不断降低，对材料壁面产生的冲击作用也相对较小。

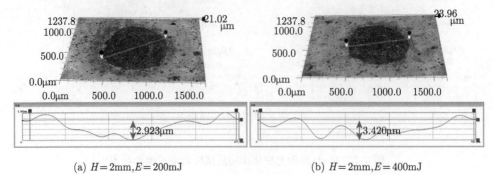

(a) $H=2\mathrm{mm}, E=200\mathrm{mJ}$ (b) $H=2\mathrm{mm}, E=400\mathrm{mJ}$

图 7.9 $H=2\mathrm{mm}$ 时激光空化作用后试样表面三维形貌图

综合分析不同离焦量与激光能量参数下的铸铁表面的三维形貌,可以发现当能量位于 200~400mJ 范围内时,随着能量进一步的增大,激光直接冲击作用及激光诱导空泡形成的溃灭冲击作用也就越强烈,铸铁试样表面的最大深度也随之增加;当激光能量一定时,随着激光聚焦点和试样壁面之间距离的增长,对铸铁试样的冲击作用机制会经历从激光直接冲击作用、空泡溃灭冲击和少量激光冲击复合作用、空泡溃灭冲击作用等过程,当离焦量过大时,激光能量及空泡溃灭产生的能量都无法传递到试样上,铸铁表面形貌的最大深度也最终呈现出先增大后减小的规律。

2. 激光能量与残余应力的关系

铸铁材料的初始残余应力受到生产工况、后续加工方法、预处理方式等多种因素的影响。潘冶等[24] 认为采用各种不同的工艺和工况生产出的灰铸铁 HT200,其最大的铸造残余压应力也不会超过 19.6MPa;而在对铸铁试样进行预处理加工中,打磨及抛光等操作过程会使平整的试样表面形成塑性形变的变化趋势,同时该区域四周组织又会阻止其形变恢复,继而对表面残余应力造成影响。图 7.10 给出了空化作用前铸铁试样壁面的残余应力分析结果,可以发现试样壁面的初始残余压应力为 8MPa。事实上表面的初始残余压应力值相对较小,不会在激光空化对铸铁材料应力变化规律的实验研究中造成较大的影响。

采用应力测定仪对铸铁试样上不同参数下激光空化作用区域的残余应力进行测量,并绘制出如图 7.11(a) 所示的残余应力图。激光空化作用后,铸铁试样上产生的都为残余压应力,同时在 200~400mJ 的激光能量范围内,当激光作用能量不断增强,作用区域的残余压应力值都呈现出逐渐增加的趋势。而采用相同的激光能量时,试样表面残余应力值与离焦量 H 也存在着联系。当离焦量 $H=1\mathrm{mm}$ 时,铸铁表面的强化效果要优于其他离焦量条件,而随着 H 距离的增大,激光空化对试样壁面的作用能量大幅下降，导致作用区域的残余压应力也不断降低。表面残余压应力的出现可以一定程度上增强试样壁面的力学性能[25]，延长材料的抗疲劳寿命，这也表明在一定的激光能量范围内，激光空化作用对铸铁材料具有强化效果，并且该强化效果随激光能量的增加而加强。

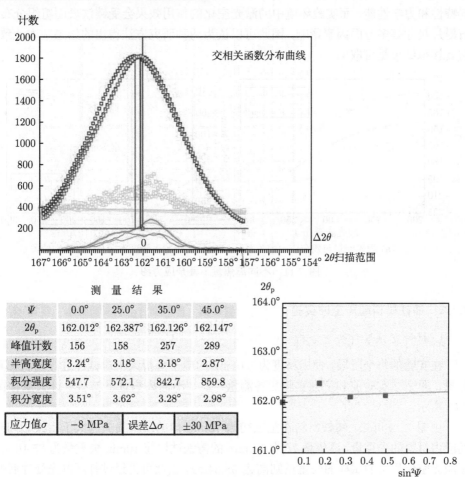

测　量　结　果				
Ψ	0.0°	25.0°	35.0°	45.0°
$2\theta_p$	162.012°	162.387°	162.126°	162.147°
峰值计数	156	158	257	289
半高宽度	3.24°	3.18°	3.18°	2.87°
积分强度	547.7	572.1	842.7	859.8
积分宽度	3.51°	3.62°	3.28°	2.98°

应力值 σ	−8 MPa	误差 $\Delta\sigma$	±30 MPa

图 7.10　激光空化作用前铸铁试样表面的残余应力值

图 7.11(b) 给出了激光能量为 400mJ 时不同离焦量参数下作用区域深度方向的残余应力值，可以发现作用区域残余压应力的最高值出现于亚表层，其压应力值也明显大于表层的数值，在离焦量 $H=1$mm 的条件下，作用区域表层 50μm 以下的亚表层残余压应力达到 258MPa，该残余压应力的变化趋势也与孔德军等的研究成果相似[26]。当作用区域深度超过 150μm 时，离焦量 $H=2$mm 条件下的激光空化作用区域残余压应力值减小速率变缓，甚至出现残余压应力值相对较大的情形，

这表明该离焦量下激光空化对铸铁试样的影响层深度较大，这也与上文激光空化模拟出的应力分布相似。但对比实验环境下测得的与仿真模拟计算出的残余压应力影响层范围，可以发现模拟残余压应力的模拟区域大于实验测量区域，推测该现象的原因如下：仿真模拟中铸铁为理想状态下的材料，计算时通常只考虑密度等材料特性和力学性能，而实验环境中的激光空化的作用效果会受铸铁表面组织分布、石墨片尺寸等多方面因素影响，因此可以认为两种研究方法得出的结果基本一致，仿真模拟结果是可取的。

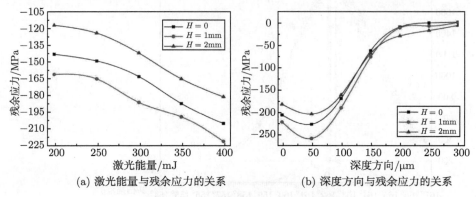

(a) 激光能量与残余应力的关系　　　　　　(b) 深度方向与残余应力的关系

图 7.11　不同离焦量下残余应力图

7.4.3　铸铁材料超声空蚀实验

1. 材料空蚀累计失重分析

在实验的每个阶段，使用精度为 0.01mg 的电子分析天平对试样进行两次称重测量，即空蚀实验前和空蚀实验后各测量一次，不同离焦量下材料累计失重如图7.12 所示。

由图 7.12 可知，铸铁材料在空蚀初始 10min 内的质量损失远大于后续相同时间段内材料的失重量，离焦量 H 为 1.0mm 的铸铁试样前 10min 失重量为 25.10mg，无激光空化作用的试样的失重量则高达 58.34mg，由此可见经过打磨抛光处理后的铸铁表面的抗空蚀性能较差。铸铁试样的石墨缺口及铸造缺陷等性能会严重影响表面的抗空蚀性能，当抛光至镜面的铸铁表面直接暴露在液体中进行空蚀实验时，表面组织中石墨片大量存在于灰铸铁基体中，等同于铸铁表面形成的裂口，在承受外在载荷或冲击作用时，这些夹杂在铸铁基体中的石墨片区域极易产生局部应力集中现象，同时在材料表层的晶界、相界以及缩松缩孔等缺陷处容易形成裂纹，加速材料的空蚀破坏，而随着空蚀破坏的不断进行，空蚀破坏形成的氧化物等黏附在铸铁试样表层，间接地减少了超声波能量对试样表层以下部分的破坏，因此光滑铸铁表面的抗空蚀性能较差，空蚀前期的失重量也远多于其他时间段。

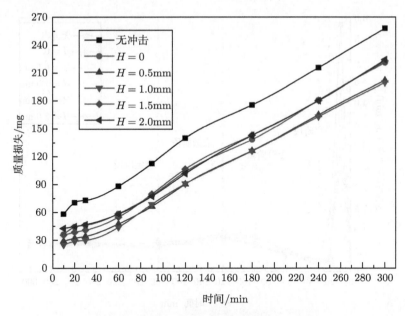

图 7.12　不同离焦量下铸铁空蚀累计失重图

在长时间的空蚀实验过程中，不同离焦量下激光空化作用后的试样累计失重量都低于未经过激光空化作用的铸铁试样，这表明激光空化作用在一定程度上可以提高铸铁材料的抗空蚀性能，在相同实验环境下可以有效减小铸铁材料的空蚀失重量。当离焦量 H 为 1.0mm 时，铸铁材料累计失重量最小，这是因为当激光聚焦点与材料表面距离过近时，激光空化作用并不能完全地进行，大部分激光能量会在极短的时间内直接作用于试样表面，对其产生烧蚀作用，不利于材料表面抗空蚀性能的有效提升，而当激光聚焦点与材料表面距离过远时，激光空化对试样表面的作用效果会被材料上方的液体大幅度削弱，此时铸铁试样的抗空蚀性能同样不能得到有效的提升，因此可以从图 7.12 中看出铸铁试样在离焦量 H =1.0mm 条件下的抗空蚀性能是最佳的。

图 7.13 所示为不同离焦量下铸铁空蚀失重率与时间的关系图，材料空蚀失重过程通常会被划分为四个阶段，即孕育阶段、上升阶段、衰减阶段和稳定阶段[27]，抛光至镜面的试样经过 20min 的空蚀实验后，其状态接近于自然条件下的铸铁材料，因此可以认为铸铁试样的空蚀孕育阶段位于空蚀实验开始后的 20~30min 时间内；随着空蚀实验的进行，铸铁试样的失重率也逐步上升，此时位于空蚀实验的 30~120min，即空蚀上升阶段；当空蚀实验进行到 120~180min 时，铸铁试样的空蚀失重率呈现下降的趋势，此时为空蚀衰减阶段；随后，不同离焦量条件下的铸铁试样空蚀失重率大约维持在 0.6mg/min，此时空蚀进入稳定阶段。

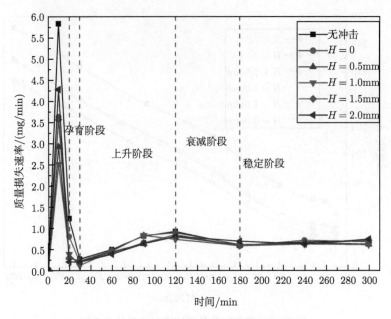

图 7.13　不同离焦量下铸铁的空蚀失重率

2. 材料空蚀形貌分析

图 7.15 所示分别是无激光空化作用的铸铁材料在水中空蚀 60min、180min 以及 300min 后的壁面微观形貌图。从图 7.14(a) 和 (b) 中可以看出，经过 60min 空蚀后的材料仍然存在一部分平滑的表面，这些区域并未受到空蚀现象的影响，此时对试样进行空蚀实验的时间不长，空泡溃灭产生的破坏效果并未完全覆盖到铸铁材料的整个表面，也有可能是因为此时正处于空蚀上升阶段的初期，只有半径较大的空泡在材料表面溃灭时才会引起较强的破坏效果。然而试样表面的大部分区域则出现明显的凹坑、裂纹等变形，这些裂纹大致都起源于石墨片与铸铁基体的交界处，并随着空蚀时间的增加由微小裂纹逐步扩展为大型凹坑，直至试样表面形貌发生破坏。图 7.14(c)~(f) 同为空蚀稳定阶段的铸铁表面微观形貌，在空化空蚀现象的作用下材料表面发生较大尺度的塑性变形，原先的裂纹扩展到试样表面整块区域，呈现出拱起、下凹或卷曲等形态，该阶段试样的表面粗糙度也远高于空蚀上升阶段，这是由于灰铸铁的熔点、比热容及热传导率等性能都比较低，空泡溃灭时引发的能量很容易导致该类材料表面的塑性变形，从而产生大量凹坑、凸起等塑性堆积现象，最终形成类似于海绵状的空蚀形貌。已经被空蚀破坏的表层材料黏附在试样上，以板块状形态向外翘起，同时随着空蚀现象的不断作用，卷曲和翘起的板块状材料在空泡溃灭冲击波及微射流的冲击下，最终发生脱落并将下层的铸铁材料暴露在外，使得铸铁试样的空蚀失重率处于大致稳定的状态中。

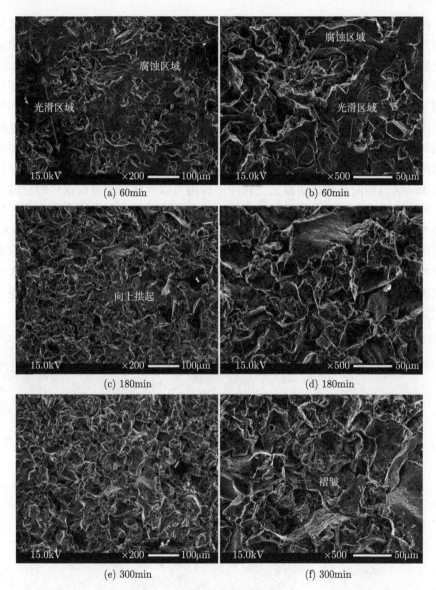

图 7.14 无激光空化作用的铸铁试样在不同空蚀时间后的表面微观形貌

7.4.4 激光能量对抗空蚀性能的影响

1. 激光空化作用区域空蚀形貌

因不同时间段内激光空化作用点的形貌跟踪测量需要进行多次，所以在 60min 及 120min 的测量点会存在一定的旋转角度，本节中选用圆形中固定的两点进行数据测量，确保圆形直径测量的准确性。

　　图 7.15 所示为离焦量 H =0 时两种激光能量下铸铁试样不同空蚀时间过后的表面形貌图。经超景深显微镜软件测量，可以在图 7.15(a)~(c) 中得到空蚀实验前后激光空化作用区域的尺寸，即类似于直径分别为 Φ770.4μm、Φ695.92μm、Φ648.24μm 的圆形。随着空蚀时间的增加，200mJ 及 400mJ 激光能量作用下的区域面积都在逐渐缩小，这表明当空蚀实验时，经过抛光的平面部分反而更容易出现裂纹、凹坑等破坏现象，同时随着试样表面破坏深度的进一步增加，激光作用区域的面积也逐渐由四周向中心缩减，但由于该作用区域表面的硬度、残余压应力等力学性能要优于其他区域，因此即使在空蚀 120min 后，依然可以隐约在试样表面看到激光空化作用区域，这也能间接地说明激光空化冲击作用可以有效减少铸铁试样的空蚀失重量。对比分析两种激光能量及相同空蚀时间参数下试样表面激光空化作用区域的直径变化值，图 7.15(a)、(b) 和图 7.15(b)、(c) 的直径差分别为 74.48μm、47.68μm，同样可以计算出 400mJ 激光能量下的直径差值分别为 71.65μm、44.79μm，这表明铸铁材料表面上激光空化作用区域的抗空蚀性能与激光能量大小有关，在本实验选取的 200~400mJ 激光能量范围内，越高的激光能量对材料表面抗空蚀性能的提升效果也越显著。

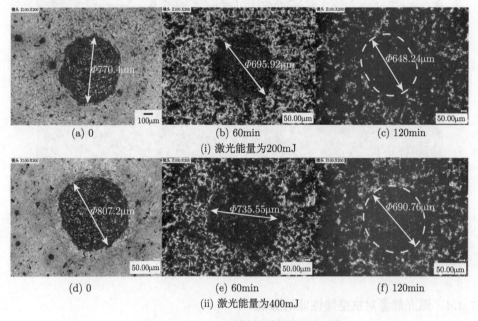

(a) 0　　　　　　　　　　(b) 60min　　　　　　　　　(c) 120min

(i) 激光能量为200mJ

(d) 0　　　　　　　　　　(e) 60min　　　　　　　　　(f) 120min

(ii) 激光能量为400mJ

图 7.15　H =0 时铸铁试样的表面形貌

　　图 7.16 给出了离焦量 H =1mm 条件下铸铁试样的表面形貌图，可以发现激光空化作用的区域面积同样随着空蚀时间的增加而逐渐向中心缩小，其 200mJ 和 400mJ 激光能量下的直径差分别为 22.42μm、19.87μm、20.26μm、16.93μm。该离焦

量参数下各个空蚀时间段内的直径差值以及差值变化率均远低于离焦量 H 为 0 时的直径变化程度，这可以证明当离焦量 H 为 1mm 时，激光空化实验对铸铁材料表面产生了最为有益的强化效果，作用区域面积的缩小速率相对较小，该条件下强化后铸铁材料的抗空蚀性能也相对较好，同时当采用 400mJ 的激光能量时，试样的抗空蚀性能达到最佳。

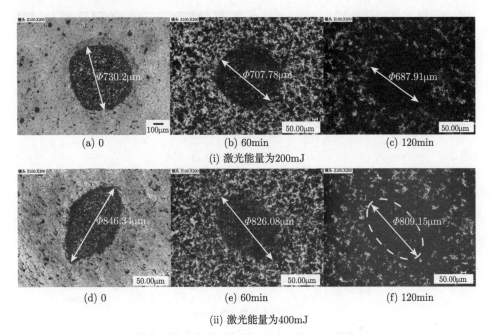

(a) 0   (b) 60min   (c) 120min

(i) 激光能量为200mJ

(d) 0   (e) 60min   (f) 120min

(ii) 激光能量为400mJ

图 7.16 H =1mm 时铸铁试样的表面形貌

图 7.17 所示为离焦量 H =2mm 参数下铸铁材料的表面形貌图，激光作用区域面积的变化趋势与其他离焦量条件下的空蚀实验结果一致，都呈现出由四周向中心缩减的变化规律，两种激光能量下的圆形直径差值分别为 84.96μm、39.84μm、71.51μm 及 33.86μm。对比分析该离焦量与激光直接作用材料表面条件下作用区域的直径差值变化率，可以发现当 H =2mm 时，激光空化作用区域的直径减小得最快，这是由于激光聚焦点与试样表面相距较远，溃灭形成的高速微射流与溃灭冲击波对材料的作用强度大幅度降低，试样表层形成反弹性形变，增强了材料表面的塑性卸载作用，从而加剧激光空化作用区域的空蚀破坏程度，加快了圆形区域直径缩减的速率，削弱了该区域铸铁的抗空蚀性能。

综合对比不同条件下材料表面形貌图中激光空化作用区域的变化趋势，可以发现激光参数的变化与铸铁壁面抗空蚀性能存在着较为重要的影响关系。在 200~400mJ 的能量区域内，随着激光能量的增强，铸铁试样表面空化作用区域的初始面积也随之增大，同时空蚀过程中作用区域的面积缩减速率也随之减小。而当激光能量一定时，随着离焦量 H 距离的增加，材料表面作用区域面积的缩减量以及缩减速率都呈现出先减小后增大的变化趋势，H =1mm 时面积缩减量和缩减速率都达到最小值，此时激光空化作用后的铸铁试样抗空蚀性能也达到最佳值，而作用面积的变化率也可以为判断材料的抗空蚀性能程度提供了一种较新的表征方法。

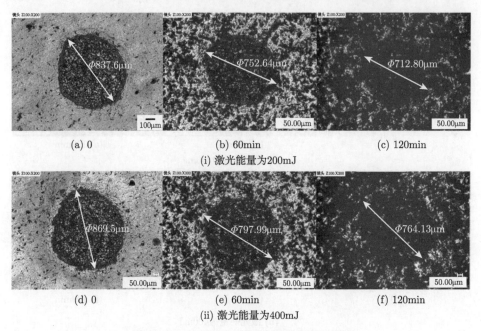

(a) 0　　　　　　　　　　(b) 60min　　　　　　　　　(c) 120min

(i) 激光能量为200mJ

(d) 0　　　　　　　　　　(e) 60min　　　　　　　　　(f) 120min

(ii) 激光能量为400mJ

图 7.17　H =2mm 时铸铁试样的表面形貌

2. 激光作用区域空蚀前后硬度变化

表面硬度值是试样表面力学性能中最为普遍的表征方法之一，而空蚀作用前后铸铁试样表面硬度的变化趋势可以在一定程度上反映出该试样抵挡空蚀破坏能量的性能，因此该变化趋势也可以理解成是一种衡量铸铁材料抗空蚀性的重要指标参数。为进一步分析铸铁试样表面的空蚀破坏影响，本节在空蚀的不同时间点对其表面硬度进行跟踪测量。

图 7.18 给出了离焦量 H =1mm 时铸铁表层硬度随空蚀时间的变化趋势图，从图中可以看出铸铁的初始基体硬度为 216HV，而当空蚀进行到 30min 时，试样表面基体硬度上升到 286HV，当空蚀时间进一步延长，基体硬度呈下降趋势并最终稳定在约 246HV。结合上文所述铸铁不同的空蚀阶段，分析其原因可知在铸铁试样的空蚀孕育阶段，空泡溃灭产生的高速微射流及溃灭冲击波作用于铸铁材料上，其表面会出现一定程度的塑性变形和加工硬化现象，当铸铁材料的空蚀孕育期结

束时，其表面大部分区域都会出现裂纹、凹坑等塑性变形，此时加工硬化程度达到最大值，相应的表面硬度也表现为最高值；随着空蚀破坏的不断进行，铸铁试样的空蚀依次进入上升、衰减阶段，试样表面的裂纹沿石墨片快速向周围扩展，形成尺寸较大的裂纹、凹坑现象，同时随着表面材料塑性变形的不断堆积变形，拱起的表层材料容易发生脱落，并在铸铁试样的亚表面出现加工硬化现象，此时试样表面的显微硬度呈现出逐渐下降的趋势；当空蚀进入稳定阶段时，试样亚表层也逐渐被空蚀破坏，铸铁材料的失重率也趋于稳定，最终其表面显微硬度也基本维持在一定的范围内。

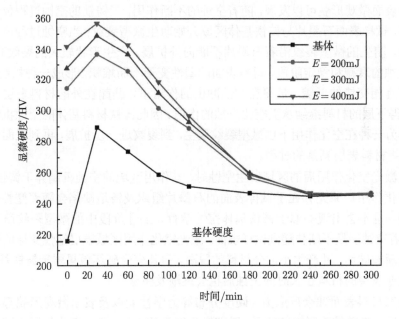

图 7.18　$H=1$mm 时不同激光能量下铸铁表层硬度变化趋势图

当采用 200~400mJ 的激光能量对铸铁材料壁面进行激光空化作用时，作用区域的显微硬度分别为 315HV、328HV、342HV，都远大于铸铁基体的硬度值并随着激光能量的增加而增大。随着空蚀时间的增长，试样表面作用区域的硬度值同样呈现出先增大后减小的变化趋势，同时对比激光空化作用区域与铸铁基体硬度变化幅度可以发现，空蚀孕育阶段中作用区域表面的硬度值变化幅度小于铸铁基体，而在空蚀进入上升和衰减阶段时，其硬度变化率又相对较高，这是由于激光空化作用后的铸铁试样在空蚀的不断破坏下，其壁面发生塑性变形和加工硬化现象的幅度要明显弱于铸铁基体，因此其作用区域的硬度上升幅度相对较小，随后作用区域的影响范围随着空蚀时间的延长而缩小，作用区域表层也逐渐被空蚀能量剥离，将表层以下未受激光空化作用的铸铁材料暴露在液体中，表面显微硬度值也呈现出快速下降的趋势。当空蚀进行到 120min 时，试样表面的激光空化作用区域已被空蚀现象完全破坏，该区域暴露在外的铸铁材料与基体一样出现塑性变形及加工硬化现象，此时表面的显微硬度也与铸铁基体空蚀 30min 后的硬度大致相同。之后随着空蚀的继续进行，原激光空化作用区域的表面显微硬度表现出与铸铁基体空蚀 30min 后类似的变化规律，直至硬度趋于稳定。

7.4.5　空化作用铸铁材料表面的抗空蚀机制

结合前文所述，比较激光空化作用前的铸铁试样不同时间段内空蚀失重速率与空蚀表面微观形貌可以发现，随着空蚀的不断作用，当铸铁的空蚀过程位于孕育阶段时，试样表面石墨片与铸铁基体区域开始萌生微型裂纹；当空蚀过程位于上升阶段时，萌生的微型裂纹沿着石墨片不断向外扩展，产生形状较大的裂纹和凹坑；而在空蚀的衰减和稳定阶段，材料表面的塑性变形不断堆积，形成一种拱起、卷曲及下凹互相交错的形貌，最终在空蚀冲击的作用下，凸起在外的材料表层发生脱离，使得下层的材料继续承受空化空蚀的作用。因此铸铁材料基体的空蚀机制也可以理解为一种在空化作用下由微型裂纹萌生，到裂纹进一步扩展，再到表面塑性堆积，最终材料表层剥落的过程。

当激光空化作用后的区域发生空蚀时，其作用区域的空蚀机制异于铸铁基体。激光空化作用后原先存在于试样表面的石墨片组织及铸造缺陷会随着塑性变形得到改善，也不会出现类似于铸铁基体空蚀孕育、上升阶段中的微型裂纹萌生及扩展。随着空蚀能量不断传递到试样表面，激光空化作用区域表层塑性变形的铸铁材料会逐渐被破坏，并产生小部分材料的脱离，但其变形破坏效果弱于铸铁基体，同时铸铁亚表层的材料在长时间空蚀后也会逐渐发生破坏。

金属材料表面残余压应力、硬度分布等力学性能以及表面微观形貌都与其抗空蚀性能存在着较为紧密的关系。随着激光能量的增加，激光空化作用区域出现较为明显的残余压应力，并在亚表层处达到峰值；相比于无冲击的铸铁材料，激光作用后的铸铁表面硬度值也得到大幅度提升；同时激光空化产生的能量在试样表面有效形成了微米级的塑性变形，并覆盖了原先直接暴露在液体环境中的石墨片组织及试样表面铸铁缺陷等状态。由于激光空化作用区域发生微米级的塑性变形，其表面光洁度会相应地下降，在一定程度上弱化铸铁材料的抗空蚀能力，但基于作用区域残余压应力及硬度的大幅度增强，其力学性能得到较为显著的强化，铸铁材料表面的抗空蚀性能也进一步得到提高。总而言之，相比于未处理的铸铁材料，激光空化作用后铸铁试样表面的抗空蚀性能得到大幅度提高。

本节采用实验方法着重进行了激光空化对铸铁试样的作用效果以及试样表面作用区域的抗空蚀性能研究。利用激光空化实验平台分析不同的激光参数下铸铁表面作用区域的三维形貌及残余应力变化趋势，并将测量结果与上文铸铁材料的形变和应力分布等模拟结果进行对比；跟踪分析铸铁试样在超声波空蚀作用下的空蚀累计失重量、失重率及表面微观形貌等变化，并详细探讨了铸铁材料空蚀阶段的持续时间；同时进一步研究分析了激光空化作用后的铸铁试样在不同空蚀时间段内表面空蚀形貌及硬度的变化关系。

7.5　铝合金抗空蚀性能提升

2A70 铝合金由于自身优良的耐腐性、抗疲劳强度、硬度高等突出的性能，在流体机械领域被大量运用和推广[5]。海洋作为地球上最大的液体环境，流体机械在海洋环境中的研究至关重要，若要在未来中国 "走进深蓝" 的发展规划中大规模高效应用此材料，首先要进行实验探索 2A70 铝合金在模拟海水环境中的空蚀行为这一流体机械不可避免的难题，通过研究加工工艺或表面处理的方法来避免或者减缓因为海水腐蚀带来的不良影响乃至破坏。铝合金由于其极度易氧化特性易在表层产生氧化膜，这一特性客观上提高了其抗腐蚀性能。但在空蚀过程中，空蚀孕育期材料未发生明显塑性变形的情况下首先会破坏表面氧化层，而海水中氯离子会与高价金属离子发生化学腐蚀反应。因此，探索激光诱导空化强化铝合金在 3.5% NaCl 溶液中的空蚀和化学腐蚀双重行为非常有意义。当前在研究金属在 3.5% NaCl 溶液中材料性能行为的研究得出许多重要结论，同时部分学者对空蚀这一重要流体机械难题的研究也取得一定进展，但在此之前少见此材料在海水空蚀腐蚀方面的报道，而且研究激光空化强化 2A70 铝合金在海水环境中抗空蚀性能的提高，更是运用激光诱导空化强化来提高合金的抗海水空蚀性能，这将可能对海洋环境下铝合金抗腐蚀性能的强化开辟新的篇章。

本节利用失重实验、残余应力测试、硬度测试等研究激光空化强化铝合金在 NaCl 溶液中和水中进行超声波空蚀行为的研究。通过 2A70 铝合金实验的实际数据分析研究为 2A70 铝合金今后在海洋环境中的推广提供理论依据和数据参考。

由前面内容可知，激光诱导空化强化使得靶材材料性能 (粗糙度、残余应力和硬度值) 等方面性能的提高，本节进一步对 2A70 铝合金在 3.5% NaCl 溶液和水溶液中空蚀作业及激光诱导空泡提高材料抗空蚀性能开展了研究。

7.5.1　铝合金实验设备及方法

超声波空化的基本原理是通过换能器，将功率超声频源的声能转化为机械能振动，因此超声波所产生的压力脉冲大小由其声源能量的大小决定，压力脉冲能够使得液体内部压强降低从而产生空化，当超声频源保持一定输出频率能够使得液体内部不断产生空化气泡群，由于空化气泡在脉动溃灭过程中不断产生冲击波和水射流，其长时间不间断高强度影响靶材，会使靶材表面产生空蚀效果。

1. 实验设备及材料

本实验平台位于江苏大学机械工程学院,根据现有设备搭建平台进行模拟超声波空蚀实验。其实验装置及原理如图 7.19、图 7.20 所示。

图 7.19　超声波空蚀实验平台

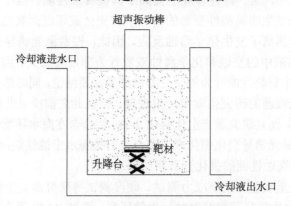

图 7.20　空蚀设备内部原理结构

模拟空蚀实验主要采取宁波海曙亿恒仪器有限公司生产的 YJ98-IIIN 超声波细胞粉碎机;一般情况下 YJ98-IIIN 超声波细胞粉碎机多用于多种动植物细胞壁和组织的破碎。本次实验利用 YJ98-IIIN 使用超声波产生空蚀效果,模拟自然环境中空蚀对 2A70 铝合金的材料表面的空蚀破坏效果。设备频率 19.5~20.5kHz,功率 1200W,变幅杆直径 Φ20,占空比 1% ~ 99%。实验按照 ASTM G32—1998 标准进行[26]。

由于超声波空化过程中会释放出大量的热量导致液体升温,改变空蚀的实验环境,不利于实验变量控制,而且由于变幅杆长时间高温工作会导致寿命降低,因此需要采用恒温水循环系统对超声波空化过程中产生的热量进行释放,保证实验温度均衡,可通过设定温度研究不同温度环境下空蚀效率的差异,同时可以避免液体温度过高损伤变幅杆。本实验中使用的 DL-2005 低温冷却液循环泵采用风冷式全封闭压缩机组制冷及微机智能控制系统,能够通过调节循环液体温度来实现降温或者恒温的实验目的。广泛使用于各种高校实验仪器平台,调节液体环境温度,为研究温度对各类实验的意义做出了重要帮助。

实验中使用的材料为 20mm×20mm×6mm 方形的 2A70 铝合金材料,实验中所用的铝合金元素组成百分比见表 7.2。

表 7.2　2A70 铝合金材料元素组成及其含量　　　(单位: %)

元素组成	Si	Fe	Cu	Mn	Mg	Zn	Ti	Ni	Al
含量	0.35	0.9~1.5	0.9~2.5	0.20	1.4~1.8	0.30	0.02~0.10	0.9~1.5	余量

实验环境为: 通过温度控制器将溶液温度保持在 24℃, 样品表面积与溶液体积比为 $0.05cm^2/mL$。在中性 3.5%(质量分数)NaCl 溶液中。配制溶液所用材料为国药集团化学试剂有限公司生产的 NaCl(10019318), 技术条件符合 GB/T 1266—2006。液体基体为屈臣氏去离子水。配比精度通过赛多利斯科学仪器 (北京) 有限公司生产的 CPA225D 电子称重系统保证精度。

2. 空蚀实验方法

将 2A70 铝合金的表面用 400~1500 目砂纸进行打磨,打磨完成后使用金刚石粉末进行镜面抛光处理,抛光完成后用无水乙醇进行超声清洗,之后进行吹风干燥。

关于失重实验主要采用赛多利斯科学仪器 (北京) 有限公司生产的感量为 0.01mg 的电子天平进行称重并记录试样不同空蚀时间下的质量。称重完成后将试样固定在恒温水箱底部,液面到试样表面距离为 8cm,由于变幅杆位置高度固定,因此通过升降台调节变幅杆探头平面距离试样表面的距离为 1mm[29]。空蚀实验为了对比不同液体介质环境下空蚀作用,采用屈臣氏去离子水和 3.5%NaCl 溶液分别进行超声波空蚀对比,利用恒温循环系统将实验环境保持在设定温度。空蚀实验借鉴美国 ASTM 标准进行实验参数设定,功率为 1200W,振动峰振幅为 50μm。在实验中为准确把握空蚀进度,每半小时将试样取出一次进行测量,需首先使用乙醇清洗,吹风干燥并称量质量[29],记录数据用于统计计算空蚀失重速率。将空蚀后的材料使用 SEM 进行形貌观测并使用能谱仪扫描空蚀前后的化学元素含量变化,研究分析空蚀对 2A70 铝合金的影响及机理。

用维氏硬度计对空蚀时间不同的材料在去离子水和 NaCl 溶液中空蚀后进行硬度测试,对其硬度进行测量并取平均值进行分析,研究空蚀作用导致的硬度变化。

3. 空蚀失重实验分析

空蚀失重实验是研究空蚀程度和特性的重要方法和手段，在空蚀研究领域广受推崇，将空蚀完成的材料首先用无水乙醇在超声清洗机内清洗 5min，用吹风机进行吹风干燥，用电子分析天平进行称量并记录，其精度达到 0.01mg，计算累计失重量和累计失重率，用试样在不同环境条件和不同空蚀时间下的累计失重量和累计失重率的这些数据对累计空蚀时间 t 作图，绘制累计失重曲线和累计失重率曲线[30]。

7.5.2　3.5%NaCl 溶液对材料空蚀性能的影响

通过整理 2A70 铝合金浸泡进去离子水和 3.5%NaCl 溶液里进行超声波空化腐蚀并改变空蚀时长下的累计失重数据得到直观的空蚀失重曲线，如图 7.21 所示。

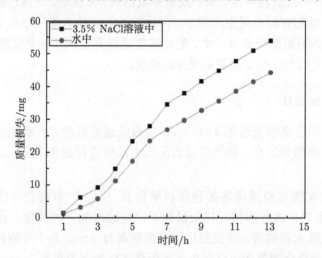

图 7.21　在 3.5%NaCl 溶液和去离子水中 2A70 铝合金累计失重曲线

图 7.21 为试样在去离子水和 3.5% NaCl 溶液中进行空蚀导致的质量变化的数据曲线图，是在一定的超声波空蚀效率的情况下随着空蚀时间变化试样质量的变化曲线。随着空化侵蚀时长的增加，空蚀失重总量呈曲线上升趋势，根据空蚀失重曲线分析理论可以对照发现在图 7.21 中 1~3h 可以归纳为空蚀孕育期，期间质量损失较少，一般表面可能出现部分塑性变形及少量裂痕，因此其质量损失不明显。3~8h 空蚀阶段属于空蚀上升期，期间质量损失加剧，失重快速上升，主要原因是材料表面裂纹扩张，伴随局部麻点产生并迅速扩张到整个表面。8~13h 空蚀阶段属于空蚀稳定期，由于表面已腐蚀均匀并进行深入渗透，因此空蚀腐蚀进入失重稳定阶段，失重速率保持在一恒定值[31]。

7.5.3 激光空化对空蚀速率的影响

2A70 铝合金激光诱导空化前后在去离子水和 3.5%NaCl 溶液中腐蚀速率曲线如图 7.22 所示，为空化诱导冲击强化表面和未处理表面在去离子水和 3.5%NaCl 溶液中不同时间下空蚀速率的分析对比。从空蚀速率曲线可以发现，相同材料相同空蚀时间下 NaCl 溶液中相较于去离子水中空蚀速率更高，主要原因是在 NaCl 溶液中进行空蚀作用实验，空蚀作用和化学腐蚀作用起到相互促进作用，辅助并促进腐蚀作用的进行，因此在 3.5%NaCl 中比在去离子水中腐蚀速度更快，空蚀更为严重。

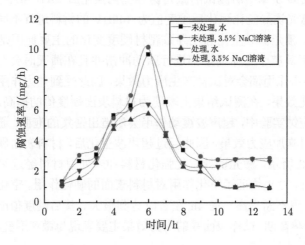

图 7.22 激光诱导空化作用对 2A70 铝合金抗空蚀性能的影响

空蚀速率在空蚀初期 (1~3h) 变化较为缓慢，其原因是在空蚀初期材料表面主要以塑性变形为主，仅仅产生少部分点蚀和裂纹，此阶段结束后进入空蚀速率快速上升期 (3~6h)，可见空蚀速率快速提高，并在 6h 左右达到最高值，主要原因是当空蚀孕育期结束后，伴随产生大量裂纹和蚀坑，最终空蚀效果在整个作用表面密布，形成相对匀称的絮状腐蚀表面。之后空蚀速率又逐渐开始降低，在 9h 之后空蚀速率开始进入稳定变化周期。其原因是材料表面充分空蚀之后，由于表面空蚀产物的堆积对空蚀起到一定的阻挡作用，并且由于 "材料表面硬度与抗空蚀性能成正比" 这一一般性结论[32]，当表面硬化作用产生时，能够使得腐蚀速率降低，当空蚀作用重复进行时，由于在空泡脉动破裂进程中存在脉动冲击和水射流应力作用对试样表面进行硬化效果，提高了试样表面硬度，因此也会产生部分抗空化腐蚀特性提高的效果。最终空蚀腐蚀效果在环境变量不变的情况下，空蚀腐蚀作用和对材料的硬化作用形成一定程度上的平衡，因此在 9h 后空蚀速率基本保持不变。

7.5.4　激光空化对材料硬度的影响

硬度是表征材料力学性能非常重要的一个因素，其主要表现在其抗拒外界物体进入的能力，因此也能从客观上体现其抗空蚀性能的能力[33]。由于空蚀导致的塑性变形客观上反映了材料受到应力破坏的形貌特征，空蚀导致材料表面硬度值发生变化也同样说明硬度在空蚀作用中能够表征能量强弱的作用。

测试采用 HXD-1000TMSC/LCD 型维氏硬度计，在不同试样表面随机取 10 个有效点数据，根据计算均值来最终确定硬度测定值。

为了具体探讨激光诱导空化作用在去离子水和 3.5%NaCl 水溶液中会导致的硬度变化，根据第 3 章中所测试的激光诱导空化强化后 2A70 铝合金硬度值变大，本次实验选取激光诱导空化强化后硬度值为 145HV 的材料进行不同溶液中的空蚀硬度变化实验。激光诱导空化强化导致靶材硬度变化的主要原因是激光能量产生等离子体空泡后其整个生命周期都进行脉动冲击并且在溃灭时会对靶材进行水射流冲击，上述冲击作用都会对试样产生应力效果，因此受到外力作用后试样会产生塑性变形和硬化效果，在测试结果上表现为材料表面硬度值的提高。

在超声波空蚀实验中，超声波震动作用会制造出密集的泡群，通过脉动冲击和射流作用对材料施加应力效果，因此经过超声波空蚀后，材料表面硬度得到明显的提升。如图 7.23 所示，激光诱导空化强化材料和未处理材料经过空蚀后硬度值都得到大幅度提升，这也佐证了空化作用对材料表面的硬化作用。空化硬度测试值在 1~4h 的空化作用不断提高，在 4h 左右时达到最大。其后硬度值略有降低。分析其原因，在空蚀孕育期，试样表面受的应力效果主要表现为微观形变，并伴随硬化作

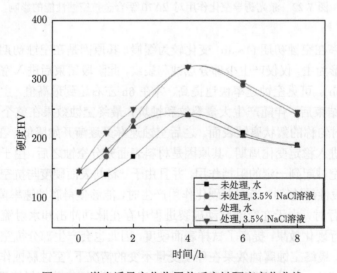

图 7.23　激光诱导空化作用前后空蚀硬度变化曲线

用, 硬度值随着作用时长的增加而提高; 在空化硬度达到峰值时, 试样发生充分的微观形变, 点蚀和微观纹路均匀密布空化区域, 产生最大的塑性变形硬化作用, 因此 4h 左右表面硬度值达到最大。空化 4h 以后, 材料表面开始剥落, 不再以表面塑性变形为主, 转化为亚表面硬度强化, 因此材料硬度值在此阶段开始缓慢下降。

7.5.5 激光空化对空蚀形貌的影响

水力机械结构发生空化腐蚀后, 金属表面受到脉动冲击和水射流冲击效果, 主要直观表现是金属光泽暗淡, 其内部深层次原因是金属材料表面受空蚀作用形成密集细微凹陷, 使得原本加工后平整的金属表面反光度降低。根据金属材质的不同, 其受到空蚀后微观形貌主要分为: 剥片状、点蚀状、蜂窝状等, 其与材料自身微观结构有很大的关系。

长期受到空蚀影响, 金属表面会产生材料剥离, 麻点、裂纹等更加严重, 并且会影响机械正常安全运转。例如: 在含有大量颗粒杂质的液体中, 空化空蚀作用后, 可以观测到类似鱼鳞坑的现象发生。目前研究发现空蚀上升期是材料前期受到空蚀影响后, 达到材料塑性变形界限后, 迅速产生大量空蚀破坏的过程, 是空蚀过程中影响最大也是最明显的一个环节。空蚀形貌的主要原因是材料长期受到冲击波和水射流作用导致凹坑的产生, 之后材料疲劳变形产生裂纹的萌生和扩张。

空蚀周期目前主要分为: 空蚀孕育期、空蚀上升期、空蚀衰减期和空蚀稳定期。在空蚀孕育期, 材料发生塑性变形量较小, 主要以零星点蚀的形式存在; 在空蚀上升期, 材料表面点蚀坑数量增加且深度加深, 形成局部空蚀群落, 加速空蚀效果; 在空蚀衰减期, 材料表面的蚀坑数量继续增加, 但空蚀速率下降, 材料空蚀表面逐渐向絮状结构演变; 空蚀稳定期, 此期间材料表面受到充分空蚀作用影响, 呈现均匀密布的絮状结构。

如图 7.24 所示为 2A70 铝合金在空蚀后的表面组织显微的数码显微镜图片, 在图 7.24(a) 中所示, 在空蚀初期 (1h) 时 2A70 铝合金表层形成部分零星的点蚀坑, 主要原因是空蚀虽然未对试样表面产生明显的微形变作用, 但是 Cl^- 破坏了金属表面的氧化膜, 使得金属产生晶间腐蚀, 促使金属晶间出现微小的点蚀坑, 而且随着空蚀时间的增加, 单个点蚀区域持续扩大, 点蚀区域数量也逐渐累加, 且在表面形成空蚀群落, 进一步加速空蚀效果, 如图 7.24(b) 与图 7.24(a) 相比, 点蚀坑大小明显扩大, 且在图中区域形成集群化的腐蚀群落, 说明铝合金的空蚀腐蚀不是均匀同步进行的, 从少量点蚀作用开始, 由点到面呈指数级扩张的。图 7.24(b) 中随着试样表面空蚀区域的增加, Cl^- 侵入加剧, 材料微观结构粗糙度增加, 空蚀面积增加, 腐蚀速度加快。图 7.24(c) 中铝合金基体全部发生均匀重度腐蚀, 根据分析, 当基体表面全部发生侵蚀后, 侵蚀速率会稳定下来, 逐渐转为均匀腐蚀。

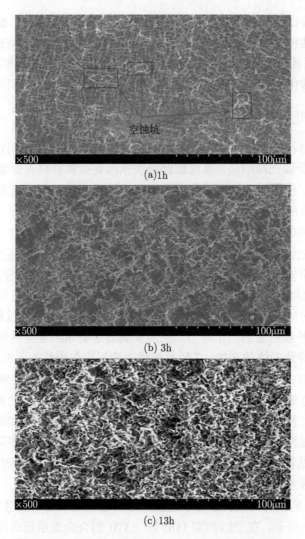

图 7.24　不同空蚀时长下 2A70 铝合金的显微形貌

　　如图 7.25 中所示为激光诱导空泡冲击强化和未处理表面空蚀后表面微观形貌，总体而言，在 1500 倍和 5000 倍的扫描电镜观察下，激光诱导空泡冲击区域和未处理表面在经过一定时间的超声波空蚀后，普遍都出现空蚀破坏情况，但是空蚀破坏程度有所不同，如图 7.25(a) 中所示在 1500 倍率下，空蚀表面呈絮状分布，表面空蚀效果充分，空蚀后微观形貌特征在相同区域内较为统一，说明在一定区域中空蚀效果较为统一，说明空蚀能够对铝合金基体施加近似相同的破坏作用，可用于对比验证激光诱导空化强化区域和未冲击区域的作用效果差异性。图 7.25(b) 可见，存在部分大块平整区域，可以证明其在同样强度、同样时间空蚀作用下抗空蚀性能较好，因此说明激光诱导空化强化对铝合金表面施加了压应力作用，并且在一定程度上提高了材料的抗空蚀性能。

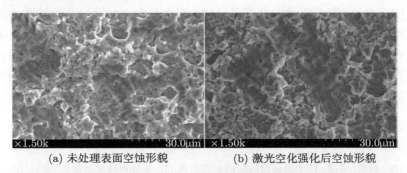

(a) 未处理表面空蚀形貌 　　　　(b) 激光空化强化后空蚀形貌

(c) 未处理表面空蚀形貌局部放大图　(d) 激光空化强化后空蚀形貌局部放大图

图 7.25　激光诱导空化作用前后空蚀效果的微观形貌

同样图 7.25(c) 和图 7.25(d) 所示为 5000 倍率下 2A70 铝合金空蚀后表面的微观形貌，通过更大的倍率可以更加清晰地对比和发现激光诱导空化前后的抗空蚀性能的差异，在图 7.25(c) 中可见，空蚀未强化处理 2A70 铝合金表面经过充分空蚀后，大倍率观察下微观表面呈怪石状嶙峋分布，凹陷凸起密布，微观粗糙度极大升高。反观图 7.25(d) 激光诱导空化强化后的表面在微观形貌上依然保持平整状态，说明其抗蚀刻性能较高，能够有效地抑制水力空蚀的不良影响，从直观上证明了空化强化的可行性作用。

7.6　本章小结

本章通过两个实验案例分别对铸铁和铝合金两种材料的抗空蚀性能进行分析。在铸铁抗空蚀实验中，采用激光空化与超声波空蚀实验相结合，研究分析铸铁基体及激光空化作用区域的微观形貌、区域面积、硬度等参数随空蚀时间的变化关系，以及铸铁试样表面分别在空蚀孕育、上升、衰减、稳定四个阶段中的变化影响，同时对比分析激光空化作用前后铸铁材料的力学性能及表面形貌的变化趋势，详细阐述了激光空化作用对铸铁基体的裂纹萌生、裂纹扩展、塑性变形堆积、表层材料剥落的影响及激光空化作用区域内部抵抗变形破坏的抗空蚀机制。

在铝合金抗空蚀实验中，分析了 2A70 铝合金在 3.5% NaCl 溶液和去离子水中的空蚀失重，验证了化学作用对空蚀的促进作用，并且在激光诱导空化强化作用前后进行超声波空蚀，从抗空蚀性能、硬度、微观形貌三个方面论证激光诱导空化作用的强化机理。并且通过 SEM 观察并对比不同时长下激光诱导空化区域和未作用区域的空蚀微观形貌，系统地研究了其抗空蚀机制。

参 考 文 献

[1] 张志萍, 周勇, 张健. 抗空蚀金属材料的研究进展 [J]. 热处理技术与装备, 2011, 32(6): 1-3.

[2] Cheng F T, Lo K H, Man H C. NiTi cladding on stainless steel by TIG surfacing process[J]. Surface and Coatings Technology, 2003, 172(2-3): 308-315.

[3] Kristensen K J, Hansson I, Morch K A. A simple model for cavitation erosion of metals[J]. Journal of Physics D: Applied Physics, 1978, 11(6): 899-912.

[4] Berchiche N, Franc J P, Michel J M. A cavitation erosion model for ductile materials[J]. Journal of Fluids Engineering, 2002, 124(3): 601-606.

[5] Wang G G, Ma G, Sun D B, et al. Numerical study on fatigue damage properties of cavitation erosion for rigid metal materials[J]. Journal of University of Science and Technology Beijing, 2008, 15(3): 261-266.

[6] Momma T, Lichtarowicz A. A study of pressures and erosion produced by collapsing cavitation[J]. Wear, 1995, 186: 425-436.

[7] Soyama H, Kumano H, Saka M. A new parameter to predict cavitation erosion[C]// CAV2001:sessionA3. 002, 2001: 1-8.

[8] 柳伟, 郑玉贵, 姚治铭, 等. CrMnN 不锈钢的抗空蚀和磨蚀性能 [J]. 材料研究学报, 2001, 15(5): 505-509.

[9] 邓友. 两种典型铜合金的空蚀行为研究 [D]. 天津: 天津大学, 2007.

[10] Chen J H, Wu W. Cavitation erosion behavior of Inconel 690 alloy[J]. Materials Science and Engineering: A, 2008, 489(1-2): 451-456.

[11] Duraiselvam M, Galun R, Wesling V, et al. Cavitation erosion resistance of AISI 420 martensitic stainless steel laser-clad with nickel aluminide intermetallic composites and matrix composites with TiC reinforcement[J]. Surface and Coatings Technology, 2006, 201(3-4): 1289-1295.

[12] Bonacorso N G, Gonçalves A A, Dutra J C. Automation of the processes of surface measurement and of deposition by welding for the recovery of rotors of large-scale hydraulic turbines[J]. Journal of Materials Processing Technology, 2006, 179(1-3): 231-238.

[13] 马援东, 储训. 水泵抗空蚀激光熔覆材料研究 [J]. 水泵技术, 2001, 4: 17-21.

[14]   刘均波. 等离子熔覆高铬铁基涂层高温耐磨性与耐空蚀性 [J]. 潍坊学院学报, 2010, 10(4): 1-4.

[15]   张俊. NiTi 涂层的抗空蚀性能研究 [D]. 西安：西安石油大学, 2013.

[16]   杜晋, 张剑峰, 张超, 等. 水轮机金属材料及其涂层抗空蚀和沙浆冲蚀研究进展 [J]. 表面技术, 2016, 45(10): 154-161.

[17]   伊俊振. 激光高熵合金化涂层的制备及磨蚀性能研究 [D]. 沈阳: 沈阳工业大学, 2015.

[18]   林秋生. Ti-Ni 合金涂层的制备及抗空蚀性能研究 [D]. 广州: 广东工业大学, 2014.

[19]   李海斌. TA2 和 TC4 合金空蚀行为及抗空蚀涂层的研究 [D]. 天津: 天津大学, 2013.

[20]   夏铭, 李改叶, 王泽华, 等. NiCrWFeSiBCCo 合金涂层的组织与耐空蚀性 [J]. 焊接学报, 2016, 37(1):111-114.

[21]   潘中永, 袁寿其. 泵空化基础 [M]. 镇江: 江苏大学出版社, 2013.

[22]   柳伟, 郑玉贵, 敬和民等. 20SiMn 在单相液流和液固双相流中的空蚀行为 [J]. 中国腐蚀与防护学报, 2001, 21(5): 286-289.

[23]   Okada T, Hammitt F G. Cavitation erosion in vibratory and venturi facilities[J]. Wear, 1981, 69: 55-69.

[24]   潘冶, 孙国雄, 王泾文. 工艺因素对灰铸铁残余应力的影响 [J]. 铸造, 1994, (6): 34-36.

[25]   魏世忠, 朱金华, 徐流杰. 残余奥氏体量对高钒高速钢性能的影响 [J]. 材料热处理学报, 2005, 26(1): 44-47.

[26]   孔德军, 华同曙, 丁建宁. 激光淬火处理对灰铸铁残余应力与耐磨性能的影响 [J]. 润滑与密封, 2009, 34(4): 51-54.

[27]   高丹丹. 基于多相流作用的铜合金空蚀行为研究及试验装置研制 [D]. 重庆: 重庆理工大学, 2014.

[28]   郝石坚. 现代铸铁学 [M]. 北京: 冶金工业出版社, 2004.

[29]   Chiu K Y, Cheng F T, Man H C. Cavitation erosion resistance of AISI 316L stainless steel laser surface-modified with NiTi[J]. Materials Science and Engineering: A, 2005, 392(1-2): 348-358.

[30]   ASTM. Standard test method for cavitation erosion using vibratory apparatus[J]. ASTM Designation, 2003: 107-120.

[31]   孔德军, 华同曙, 丁建宁. 激光淬火处理对灰铸铁残余应力与耐磨性能的影响 [J]. 润滑与密封, 2009, 34(4): 51-54.

[32]   Zhu Y, Zou J, Zhao W L, et al. A study on surface topography in cavitation erosion tests of AlSi10Mg[J]. Tribology International, 2016, 102: 419-428.

[33]   Khosroshahi M E, Mahmoodi M, Tavakoli J. Characterization of Ti6Al4V implant surface treated by Nd:YAG laser and emery paper for orthopaedic applications[J]. Applied Surface Science, 2007, 253 (21): 8772-8781.

第8章　激光空化强化技术与成套试验装备

8.1　概　　述

空化空蚀是水力机械和水利工程中经常遇到的问题，严重影响水力设备的使用寿命。目前关于抑制水力空化的方法主要是改变水力设备的内部结构，或者是改变设备重要部件的使用材料。空蚀会破坏金属表面的保护膜，而使腐蚀速度加快。空蚀的特征是先在金属表面形成许多细小的麻点，然后逐渐扩大成洞穴，所以如果能够对材料表面进行强化处理，便能提高材料表面的强度和残余压应力，进而提高材料的抗空蚀能力。目前工业应用中用得比较多的强化方法是喷丸强化和激光冲击强化，通过实验研究发现如果能够利用空化泡的脉动规律，空化泡也可以用来对材料进行强化处理，而且效果和效率都较为明显。本章先介绍用于激光空化强化的激光器及相关设备，之后介绍了几套利用激光诱导空化强化技术的强化装备及技术原理，通过改变激光能量以及空泡产生的位置，控制冲击波传播速度和微射流冲击力大小，进而实现自动化和高效地对材料进行空化强化的目的。

8.2　激光空化强化技术

随着科技的进步以及工业制造精度的提高，水力机械得到了迅猛的发展，然而伴随着其大型化和高速化而产生的空化问题则更加凸显。空化的存在不仅会降低水泵等水力机械的运行效率，还会产生振动和噪声，甚至会对水力机械固体表面造成破坏，严重影响系统的安全稳定运行[1]。以水泵为例，水泵过流部件的抗汽蚀问题一直是困扰水泵运行质量的重要因素，同时也严重影响水泵的安全和寿命。汽蚀现象的出现将会改变流体在水泵过流部件中的速度和压力分布，引起水泵机组的不稳定运行，进而使泵的流量、扬程、效率和轴功率明显下降，严重时将引起机组振动，使泵中的液体断流；另一方面汽蚀现象中气泡的溃灭，将会致使水泵部件表面出现麻坑、蜂窝状等痕迹，严重时会造成水泵叶片或前后盖板穿孔，甚至叶轮破坏，造成重大的损失，这些都是亟待解决的问题。近年来，不少科研工作者对水泵空蚀的现象进行了研究，常近时对工质为浑水时水泵与水轮机的空化与空蚀进行了实验，得出水泵的空蚀程度与工质有关，工作水质杂质越多，则水泵的空蚀程度就越明显[2]。赵相航等结合水库实际工程中采用水工模型实验方法，研究了不同流量条件下台阶式溢洪道的流速、压强分布和空化特性来探讨台阶式溢洪道水流空化特性[3]。郭天宇设计了水轮机空化监测系统，通过此系统，能够对水轮机叶片的空蚀程度进行实时监测，一旦空蚀被认为足够严重，就通知工作人员改变水轮机的相关参数，使其工作于空蚀被允许的状态[4]。相对于普通水泵而言，由于高水头水泵水轮机的运行水头 (扬程) 和流量变幅大，水流流经转轮叶片时流速高，机组运行工况复杂多变，比常规水轮机更易发生空蚀，李刚等基于 CFD 对高水头水泵水轮机空化性能进行了研究[5]。尤建锋对水泵水轮机空化特性及过渡过程进行了数值模拟研究，为将来研究水泵水轮机在极端过渡中空化腔溃灭反水击问题及减小机组振动措施奠定了基础[6]。

激光冲击强化是一种利用激光冲击波对材料表面进行改性，提高材料的抗疲劳、耐磨损和应力腐蚀等性能的技术。而激光空化强化技术则是利用激光聚焦于水中，诱导产生空化现象，利用空化泡生长直至溃灭时产生的冲击波、水射流以及局部高温高压，冲击金属表面，在金属表面形成了残余应力层，使金属材料的疲劳强度、硬度等性能得以提高。激光空化强化的原理可以简单概括为：激光聚焦于水中，击穿水形成等离子体，聚焦区压力急剧上升，对外膨胀，导致泡内压力急剧下降，形成具有和螺旋桨空化空泡相似的空泡，激光空化泡在固壁面附近溃灭时将产生冲击波和射流，作用于材料表面形成残余压应力层，从而有效地改善金属材料的性能。激光空化强化与普通的激光强化相比，结构简单，成本较低，能够有效用于金属材料的表面强化，并且由于激光空化强化有一种复合强化的作用，故其表面强化效果强于普通的激光冲击强化，而且激光空化强化过程中不需要吸收层和约束层，所以工艺过程较简单，更加适合于自动化加工。

在高功率激光辐射下，当激光的能量密度超过液体的击穿阈值，液体介质会被"光击穿"，在击穿区域产生高温高压的等离子体。等离子体膨胀，形成以超声速传播的冲击波。空泡是一种复杂的液体动力学现象，其溃灭时会在极短的时间内产生很强的高压，伴随着速度达到 100m/s 的微射流。同时还有空化气泡的产生，即激光空化泡。激光空化泡是研究空泡现象的有力工具，有助于开展水下冲击强化、水下打孔、空化空蚀特性等研究。与传统的喷丸处理方法相比较具有效率更高、无污染等优点。已有研究表明，当激光诱导空泡泡心到靶材的距离与空泡的最大半径的比值在一定范围内的时候空泡溃灭将不会产生空蚀现象，相反溃灭产生的微射流和冲击波反而能够对材料表面起到强化作用。利用微射流对材料表面的强化处理原理与喷丸处理类似，但是研究发现在相同的加工条件下，通过空化强化的材料的疲劳寿命明显比通过一般喷丸处理的材料长。

8.3　激光空化强化成套试验装备

8.3.1　激光诱导空化强化效果研究平台

　　基于高速摄影技术的固体靶材壁面激光空泡强化效应实验系统如图 8.1 所示。系统采用 SpitLight 2000 型脉冲 Nd:YAG 固体激光器 (λ =1064nm，脉宽 8ns，单脉冲能量 20~2000mJ 可调)。如图 8.1 所示，从激光器输出的激光束要经负透镜扩束后再通过聚焦镜聚焦至水槽中的靶材壁面附近。当聚焦点激光功率密度达到或超过液体的击穿阈值时，由于激光的高能量辐射，水将发生光击穿产生高温等离子体，等离子体会以超声速对外膨胀，进而形成内含高温高压气体的脉动空泡。在实验中通过微调工作平台来调节靶材表面与激光空泡中心的距离，研究不同泡壁间隔距

图 8.1　激光空泡强化实验系统实物图

(a) 非扩束聚焦击穿区域　　　　　　　　　(b) 扩束聚焦击穿区域

图 8.2　不同激光束聚焦角的击穿区域

离下，空泡溃灭瞬间形成的射流对靶材的作用效果，并讨论分析空泡溃灭回弹过程中形成的冲击波与射流之间的关系及其对靶材的作用机理。实验过程中，如果不对激光束进行扩束整形，激光束的聚焦角 φ 较小，激光在水中易产生多点击穿，如图 8.2(a) 中所示，即击穿区域在焦点附近呈带状分布，中间闪光点强，两边弱，形成间断的亮斑。图 8.2(b) 为激光束经扩束后再在水中聚焦形成的近似单点击穿的激光空泡。

8.3.2 激光器及相关设备介绍

激光空化强化实验是采用德国 INNOLAS 公司研制生产的 SpitLight 2000 型脉冲 Nd:YAG 固体激光器。激光空化强化铝合金实验的主要设备有：纳秒激光发生器、激光器控制单元、联动工作平台及其附属设备等，如图 8.3 所示。激光器的主要性能参数指标如表 8.1 所示。

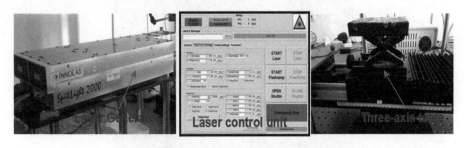

图 8.3　激光空化强化实验设备

表 8.1　SpitLight 2000 纳秒激光器主要性能参数

激光波长/nm	光斑直径/mm	单脉冲能量/J	重复频率/Hz	脉冲宽度/ns
1064	1～9	⩽2	10	8

实验中所采用高速摄像机由美国约克科技公司生产，型号为 PhantomV2511，最大分辨率为 1280×800；且全分辨率下最大拍摄速度为 25 600 帧/s，可连续拍摄约 2.62s；其最大拍摄速度可达到 1 000 000 帧/s；像幅尺寸为 128 像素 ×128 像素；光源采用不会对液体温度产生影响的 LED 灯冷光源。此外，实验中将采用示波器和水听器对激光产生的等离子冲击波及空泡在压缩回弹过程中辐射的压力冲击波信号进行检测，图 8.4 和图 8.5 分别为示波器和水听器的实物图。

示波器采用的是美国 Tektronix 公司所生产的 DL9140 数字示波器，它的带宽高达 1GHz，采样率最大可达到 5GS/s，可以用来测量电源的脉宽、幅值电压、极值电压、占空比以及频率等参数。

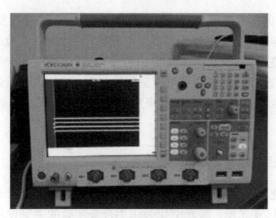

图 8.4　示波器实物图

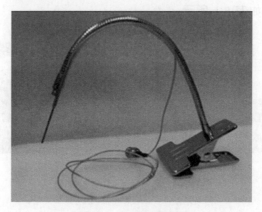

图 8.5　水听器实物图

　　水听器采用的是由中国科学院声学研究所研制的 NCS-1 型 PVDF 探针式水听器，其敏感端使用的是 PVDF 压电薄膜，厚度是 25μm，直径为 0.8mm。其灵敏度 >10nV/Pa，使用频率范围为 0.5~15 MHz，并且响应时间快，校准的不确定度为 10%。水听器的敏感元件受到力的作用后，会将力信号转化为电压信号输出。测量时，只需将水听器敏感端靠近激光束在液体中的聚焦点与靶材表面作用点中间，另一端通过 BNC 插头连接到示波器即可，操作十分方便。

　　图 8.6 所示为超声波空蚀实验平台，主要用来检测激光诱导空化强化后材料的抗空蚀性能，选用的是宁波海曙亿恒仪器有限公司研制生产的超声波信号发生器，实验过程中采用的参数分别为：超声工作频率 20kHz，超声功率 1200W，使用的变幅杆直径 Φ20mm，变幅杆峰峰值 60μm，为保证空蚀实验效果或避免实验仪器的损伤，将超声波信号发生器的工作模式定为短时间多次工作，超声时长与间隙时长比设置为 1:2，即超声工作 2s，设备间隙休息 4s。超声波空蚀仪在工作时，不仅会

对液体中的材料形成空蚀破坏，也会导致浸没在液体中的变幅杆底端出现蜂窝状凹坑，因此当超声波空蚀仪超声工作时间达 3~5h 后，使用砂纸将变幅杆底端表面磨平，保证超声波空蚀仪的工作效率和实验的精确性。恒温冷却系统中同样选用上述公司生产的 DL-2005 型低温冷却液循环泵和夹层不锈钢容器，冷却液介质为蒸馏水，设定循环泵的液体温度，使得空蚀作用环境温度维持在室温左右。实验按照 ASTM G32—1998 标准进行。

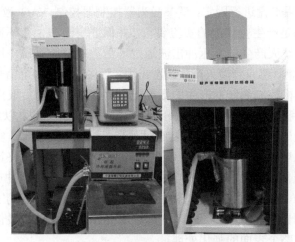

图 8.6　超声波空蚀实验平台实物图

8.3.3　激光诱导高性能水泵材料空化强化试验装备

提高水泵材料的抗蚀能力通常的方法是用高性能、抗蚀性能好的材料制造水轮机转轮，或者在容易发生空化侵蚀的部位堆焊或喷镀的方法提高其抗蚀性，对于已投入运行水泵的检修，采用堆焊方法更简单易行。在工程上常采用喷丸和激光冲击等技术，使水泵金属材料获得较深层的残余压应力。然而研究表明在水的约束下，激光强化产生的压力幅值约为空气中的 4 倍，因此激光空化强化高性能水泵材料[1] 具有其他方法不具备的一些优点，如经过激光空化强化后的水泵金属材料表面光滑，并且更容易加工水泵叶轮根部狭窄的部位。所以设计了如图 8.7 所示的装备。

该装备适用于应用激光在水中产生空泡，利用空泡溃灭产生的高强度力效应在高性能水泵材料的表面产生高幅值残余压应力的场合。该装备的目的在于提供利用激光空泡产生的冲击波来进行强化高性能水泵材料的装置和方法，以获得最优的激光空化强化效果。

该装备包括容器、承料工作台、压电换能器和激光空化强化装置。承料工作台位于容器内，承料工作台上安装有卡盘，卡盘的四周安装有若干压电换能器，激光空化强化装置位于容器上方；压电换能器和激光空化强化装置均与计算机连接。激光空化强化高性能水泵材料的装置包括激光器控制器，YAG 激光器和透镜组；激光器控制器用来控制 YAG 激光器，YAG 激光器发出的激光经透镜组后照射到容器内的高性能水泵材料上。容器内还安装有环形玻璃空腔，环形玻璃空腔能够移动，以配合 YAG 激光器发出的激光的横向进给。承料工作台为不锈钢承料工作台，卡盘为不锈钢卡盘。通过该装备将高性能水泵材料置于装有液体的容器中的承料工作台上，并利用卡盘进行固定；调节激光器控制器控制 YAG 激光器的参数，使其发射的激光满足产生空化泡的实验要求，并保证空泡产生在环形玻璃空腔的腔体内。然后空泡溃灭产生的高压冲击波通过环形玻璃空腔准确作用在高性能水泵材料上，压电换能器感应到溃灭产生的冲击力，并将其转变为电信号传输给计算机控制系统，计算机控制系统对产生的数据进行存储处理。随后取出高性能水泵材料，对高性能水泵材料进行残余应力分析，检测空化强化效果；以此类推，计算机控制系统不断通过激光器控制器反复地对激光器进行纵向调节，实现对空泡的溃灭位置和存储压电换能器感应到溃灭产生的冲击力的存储，最终计算机控制系统记录激光空化强化效果最佳时的压电换能器感应到溃灭产生的冲击力的数值和对应激光器控制器、YAG 激光器和透镜组的参数，最终将环形玻璃空腔横向移动并配合激光器控制器控制激光器运动，在保证激光空化强化效果最佳条件下实现高性能水泵材料的整个表面的强化处理。

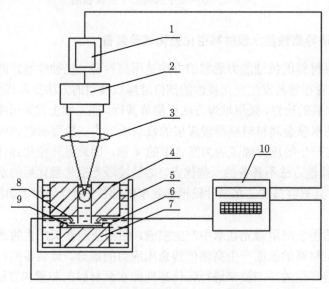

图 8.7　激光空化强化高性能水泵材料的装置示意图[7]

1. 激光器控制器；2.YAG 激光器；3. 透镜组；4. 环形玻璃空腔；5. 容器；6. 不锈钢卡盘；7. 不锈钢承料
工作台；8. 压电换能器；9. 高性能水泵材料；10. 计算机控制系统

YAG 激光器的单脉冲能量范围为 20~1000mJ 可调,脉宽 5~50ns 可调,输出波长为 1.06μm。该装备充分利用了空化泡溃灭时产生的高强度力效应来对高性能水泵材料的表面进行强化处理,将原本对社会生产造成阻碍,对水力机械设备造成冲蚀破坏、工作效率下降等严重副作用的空化泡进行合理利用。其次该装备对空泡安装了引导装置,使空泡溃灭时产生的高压微射流能够准确地作用在高性能水泵材料的某一点,完成精确定位,但同时引导装置又能配合激光器本身横向移动完成整个区域高性能水泵材料的强化。由于不同的高性能水泵材料强化所需的高压冲击力也不同,因此该装备加入了压力感应和反馈装置,能够及时感应到高压微射流作用于高性能水泵材料表面压力的大小,并通过反馈装置反复调节该压力,使空化泡溃灭时冲击力大小能够与高性能水泵材料本身相匹配,从而实现对多种不同高性能水泵材料强化的目的。使激光空化强化高性能水泵材料能够真正得到广泛应用,为水力机械领域提高水泵材料的抗蚀能力作出贡献。

8.3.4 激光诱导泵阀芯空化强化试验装备

长期以来,随着液压技术的高压、大流量和小型化的发展,液压元件极易发生空蚀现象,而这种现象,如果控制不好,就会对液压元件固壁面产生严重的破坏。而阀芯作为液压泵中最为重要的元件,其性能的好坏关系到液压元件的工作寿命和效率。

激光诱导空化强化可以提高阀芯材料表面的力学性能,大幅度提高阀芯的强度、疲劳寿命以及抗空蚀性能[2]。如图 8.8 所示的装备利用激光诱导空化强化技术

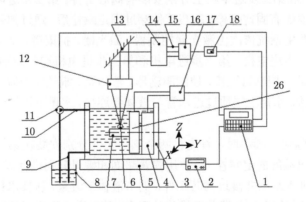

图 8.8 激光诱导空泡强化泵阀芯装置的示意图[8]

1. 计算机;2. 数字控制器;3. 水槽;4. 第一步进电机;5. 三维移动平台;6. 空泡;7. 阀芯工件;7-1. 待加工的阀芯工件 a;7-2. 待加工的阀芯工件 b;8. 液体箱;9. 出水管;10. 进水管;11. 液体泵;12. 聚焦透镜;13. 全反镜;14. 扩束镜;15. 激光束;16. 激光器;17. 控制驱动器;18. 激光器控制器;19. 第二步进电机;20. 第三步进电机;21. 弹簧垫圈;22. 螺母;23. 固定螺栓;24. 射流;25. 阀芯表面;26. 支座

可以避免材料产生宏观变形, 最大尺度地保证阀芯的精度。水槽内部结构俯视图见图 8.9。

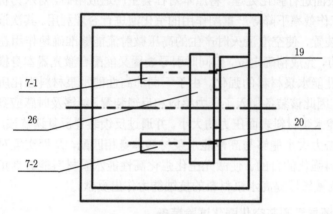

图 8.9　水槽内部结构俯视图[8]

见图 8.8 图注

　　该装备可用于实现激光诱导空泡对阀芯工件进行高效率的强化加工。包括激光发生系统、水槽、三维移动平台和液体泵, 激光发生系统位于水槽的上方, 水槽位于三维移动平台上, 液体泵用来向水槽内循环输入液体。水槽内设有第一步进电机, 第一步进电机输出端连接有支座, 支座上对称设有第二步进电机和第三步进电机, 第二步进电机和第三步进电机上分别安装有阀芯工件。第二步进电机和第三步进电机的输出端安装有固定螺栓, 阀芯工件穿过固定螺栓后, 通过弹簧垫圈和螺母进行固定。激光发生系统依次由激光器控制器、激光器、扩束镜、全反镜和聚焦透镜连接而成。第一步进电机、第二步进电机和第三步进电机均与控制驱动器连接, 三维移动平台与数字控制器连接, 控制驱动器、液体泵、激光器控制器和数字控制器均与计算机连接。水槽上端通过进水管与液体泵连接, 水槽下端通过出水管与液体箱连接。

　　使用该装备强化泵阀芯时, 首先将两个阀芯工件分别安装在第二步进电机和第三步进电机输出端的固定螺栓上, 并用弹簧垫圈和螺母分别进行固定。然后打开液体泵, 使液体进入水槽并漫过阀芯工件, 调节液体泵流量, 保持水槽中液体的容量。接着打开激光发生系统并调节三维移动平台, 使得激光发生系统发出的激光聚焦点位于其中一个阀芯工件表面上方的液体中, 诱导产生空泡开始进行强化加工处理。最后当其中一个阀芯工件加工完成时, 第一步进电机旋转 180°, 使另外一个阀芯工件进入正确的工位继续进行强化加工, 直至两个阀芯工件均完成强化处理。阀芯工作装夹示意图见图 8.10。

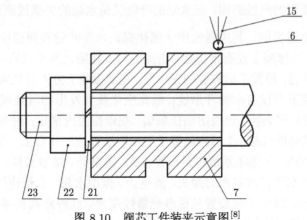

图 8.10 阀芯工件装夹示意图[8]

见图 8.8 图注

需要注意的是，在安装两个阀芯工件之前，先清洗阀芯工件，并擦拭干净，在两个阀芯工件外圈粘贴一层黑色胶带；两个阀芯工件完成强化处理后，取出阀芯工件，清除表面黑胶带并将其擦拭干净。第一步进电机和第三步进电机基本步距角均为 1.8°/步，当第二步进电机或第三步进电机旋转一周后，三维移动平台向水平方向平移一段距离，直至完成一个阀芯工件所有表面的加工。激光聚焦点位于阀芯工件表面上方 1.5mm 处；三维移动平台向水平方向平移 2mm。激光发生系统的激光能量 0.1~2J，波长 1064nm，脉宽 10ns，光斑直径 2mm，冲击频率 5Hz。

该装备利用激光诱导产生空泡，使空泡溃灭时的射流作用于阀芯工件表面，提高了表层残余压应力，有效提高了阀芯工件表面的强度和抗空蚀性能。在阀芯工件表面粘贴黑胶带，增强了工件表面对能量的吸收，同时也降低了激光对工件表面粗糙度和精度的影响。该装置有两套固定装置，在一个工件加工的同时，可完成对另一工件的装夹，节约加工时间，提高了加工效率。

8.3.5 激光诱导空化提高水泵叶轮强度试验装备

水泵机组在人类的生活中有着广泛的应用，作为通用机械的一种，它还面临着向高速小型化方向的发展，这对水泵的节能减排和安全稳定运行提出了越来越高的要求。水泵在运转的过程中，由于叶轮进口处液体局部压力降低而生成气泡。在稍后压力升高处，气泡又缩小或消失，会出现水力机械所特有的汽蚀现象。汽蚀(空蚀)使得水泵的扬程下降，效率降低，振动噪声加剧，给系统的安全运行带来严重危害；汽蚀损伤能损坏叶轮，甚至使设备报废，造成重大的损失，严重影响水泵的工作性能，这些都是亟待解决的问题。

如图 8.11 所示的装置[9] 就是利用空化现象有利的一面，针对水泵在水中长期服役的过程中受到的汽蚀磨损，而水泵的叶轮又是水泵的关键过流部件。

为了实现上述目的，利用激光空化强化提高水泵叶轮表面强度包括激光空化装置和支撑座，支撑座上设有谐振腔；谐振腔与支撑座之间通过密封圈连接，谐振腔内设有水泵叶轮，放置于谐振腔的正中间；在谐振腔上方入口处设有扩束镜和聚焦镜；在谐振腔下方设有水循环系统；激光空化装置发出的激光束经过 45° 全反镜，穿过扩束镜和聚焦镜，透过耐高压玻璃，在谐振腔内聚焦；耐高压玻璃与谐振腔之间通过弹簧垫圈连接。支撑座放置于五轴联动数控工作台上，五轴联动数控工作台与计算机相连。水循环系统包括水管接头、流量计、微型水泵、水箱以及水管；水循环系统通过水管依次将水管接头、流量计、微型水泵、水箱连接起来；微型水泵与计算机相连。激光空化装置包括激光器控制器、红外距离传感器、YAG 激光器；激光器控制器与计算机连接。

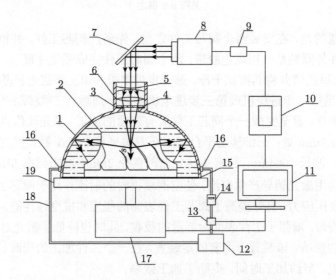

图 8.11　激光空化提高水泵叶轮强度的装置[9]

1. 谐振腔；2. 水泵叶轮；3. 弹簧垫圈；4. 耐高压玻璃；5. 扩束镜；6. 聚焦镜；7. 45° 全反镜；8. YAG
激光器；9. 红外距离传感器；10. 激光器控制器；11. 计算机；12. 水箱；13. 微型水泵；14. 流量计；
15. 密封圈；16. 水管接头；17. 五轴联动数控工作台；18. 水管；19. 支撑座

该装备使用之前将水泵叶轮用无水乙醇或丙酮进行清洗，除去其表面的油污和灰尘，使表面光洁。将清洗后的水泵叶轮进行淬火和回火热处理，提高其表面力学性能。然后将水泵叶轮放入谐振腔内，用密封圈将谐振腔底部密封，用计算机控制水泵，使水泵运行，将水箱中的去离子水输入整个水循环系统中，水循环系统可以使谐振腔中的水流动起来从而带走空化强化过程中产生的热量，避免发生叶轮的热变形，通过流量计可以实时查看当前流量，控制冷却速率。同时激光器控制器根据红外距离传感器测得离水泵叶轮最佳空化距离 s，实时控制 YAG 激光器发射激光，通过 $45°$ 全反镜、扩束镜和聚焦镜，透过耐高压玻璃射入水中，使激光束的焦点始终位于水泵叶轮上方 s 距离处。最后根据水泵叶轮的三维图模拟出来的激光路径输入计算机中，计算机根据生成的程序控制五轴联动数控工作台，完成整个叶轮的强化过程。在此过程中，空化所产生的部分冲击波会向四周扩散，经过涂有高反射涂层的谐振腔的反射，对叶轮表面进行多次冲击，进一步提高叶轮的强度。处理结束后取下水泵叶轮，清洗其表面。

该装备利用激光冲击的热变形小、激光光束瞄准加工灵活、自动化程度高等特点，将激光器与各系统相连接实现了自动化，保证了强化过程中的精确性和准确性。利用激光空化强化的技术对水泵叶轮表面进行了强化，提高了其表面强度，避免了传统强化方法中的易变形、热影响区大、易出现热裂纹等问题。利用谐振腔的特点，提高激光能量的利用率，进一步提高了水泵叶轮的强度。

8.3.6 多系统自动化协调工作的激光诱导空化强化试验装备

目前，各种空化装置中对水槽不具备易换性和夹固性，不能实现计算机控制系统与各系统自动化，不利于实验的连续性、精确性和有效性。针对这些问题，设计了此装备 (图 8.12)。该装备涉及一种多系统自动化协调工作提高激光诱导空化强化的装置及方法[4]，适用于利用高能量密度的激光在水中诱导产生空化泡，利用空化泡改善靶材表面的残余应力分布的表面改性方法的场合。

该装备的目的是提供一种激光诱导空化强化的装置及方法，可以更方便地研究空化强化机制，为其工业推广提供设备保障。该装备使用之前用无水乙醇或丙酮对靶材和垫块表面进行擦拭，除去其表面的油污和灰尘，防止对实验造成干扰，影响实验精度；将靶材和垫块一起放入水槽中，再放入固定台中，向水槽中加适量纯净水将靶材和垫块淹没。然后计算机控制电磁阀，利用气缸、活动板、导向杆、氮气瓶和电磁阀组成的夹紧系统对水槽进行夹紧固定。而激光器控制器控制 YAG 激光器发射激光，通过 $45°$ 全反镜、扩束镜和聚焦镜组成的能量密度放大系统射入水槽的水中。然后计算机控制 CNC 伺服系统，通过升降台、联轴器、伺服电机和轴组成的升降系统实现对水槽的升降。其中，升降台是通过齿轮齿条机构实现上下运动的，利用已知的齿轮齿条传动比，根据伺服电机的转数可得出升降距离，将数值显示在计算机屏幕上，避免人工读数带来的误差；同时温度传感器向计算机实时反馈冲击过程中的水温，并将数值显示在计算机屏幕上。然后通过清洗靶材表面，分析其残余应力分布，来确定激光空化强化的效果。调节升降系统，改变水温，重复上述操作，直至得到激光空化强化的最优残余应力分布，确定最优残余应力分布下的水温及最佳强化距离 d_s；d_s 为靶材强化表面与激光在水槽中聚焦点之间的距离。在此基础上保持最佳强化距离 d_s 和水温不变，计算机控制二轴联动平台对靶材整个待强化表面进行强化，同时对激光空化过程进行监控。

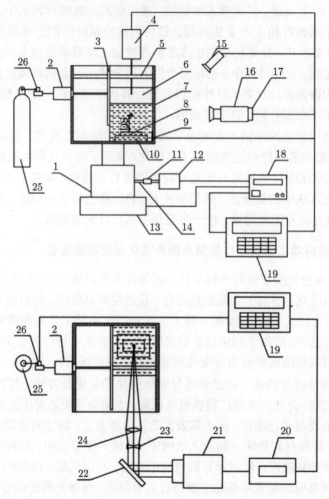

图 8.12　多系统自动化协调工作提高激光诱导空化强化的装置主视图[10]

1. 升降台；2. 气缸；3. 活动板；4. 水听器；5. 导向杆；6. 水槽；7. 固定台；8. 靶材；9. 温度传感器；
10. 垫块；11. 联轴器；12. 伺服电机；13. 二轴联动平台；14. 轴；15. 照明闪关灯；16. 高速摄像机；
17. CCD；18. CNC 伺服系统；19. 计算机；20. 激光器控制器；21. YAG 激光器；22. 45° 全反镜；
23. 扩束镜；24. 聚焦镜；25. 氮气瓶；26. 电磁阀

　　该装备利用气缸可对多种大小的水槽进行灵活装夹固定，具备易换性。带有齿轮齿条机构的升降系统实现了数控性和精确性，避免了使用五轴联动工作台、数控操作台等大型昂贵的机械，既方便快捷又减少成本。将上述各系统与计算机相连实现了自动化，保证了实验的连续性、准确性和方便快捷性。该强化方法和装置相对于传统具有无污染、利用率高等优点，可用于工业推广。

8.3.7 高空化激光强化效率试验装备

因为激光空泡具有优良的球对称性以及易操控性, 它已经成为研究空化现象重要的实验手段。然而在实际强化加工过程中, 实现激光高空化强化效率并不是很理想, 通过液体温控和高度控制实现激光高空化强化效率在激光强化领域有着重大的意义, 为了解决这些问题, 设计了如图 8.13 所示的装备[5]。

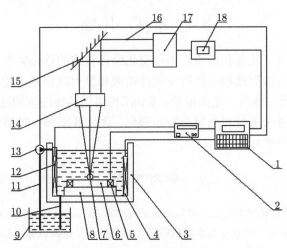

图 8.13　激光高空化强化效率装置的示意图[11]

1. 计算机; 2. 数据处理装置; 3. 水槽; 4. 电阻加热器; 5. 温度传感器; 6. 工件; 7. 空泡; 8. 夹紧装置; 9. 液体箱; 10. 出水管; 11. 抽水管; 12. 液位传感器; 13. 液体泵; 14. 透镜组; 15. 全反镜; 16. 激光束; 17. YAG 激光器; 18. 激光器控制器

该装备通过计算机打开液体泵从液体箱中抽出液体, 使液体漫过水槽中的工件。然后通过计算机控制液体泵, 当液体刚漫过工件表面时, 计算机记录液位传感器的液体高度读数, 记为 H_0, 当液体漫过工件后计算机关闭液体泵, 计算机记录液位传感器读数, 记为 H_1, 通过计算机处理, 可获得液体高度 $H = H_1 - H_0$。随后打开 YAG 激光器, 通过全反镜、透镜组, 将激光束聚焦在工件表面上方的液体中, 使空化泡对工件产生强化作用。取出工件, 对工件进行残余应力分析, 检测空化强化效果, 通过液体箱、抽水管、液体泵、水槽、出水管和液位传感器组成的液体高度控制系统以及温度传感器、数据处理装置、电阻加热器组成的温控系统不断调节水槽中液体的高度和温度参数, 并记录实现激光高空化强化效率最佳时的液体温度 T 和高度 H。然后通过温控系统及液体高度控制系统将液体环境维持在最佳温度 T 和高度 H 处, 获得工件激光高空化强化效率的最优空化参数。实现对其他工件的最优高效率空化强化过程。

该装备中计算机对温度传感器的数据采集采用对各个温度传感器的读数相加

后进行求和平均。利用温度传感器和液位传感器构成的温控系统和液体高度控制系统，可以精确地控制水槽中液体的参数，使激光高空化强化效率达到最佳，提高加工效率。各系统以及激光控制系统与计算机连接，通过计算机控制，提高了强化加工过程的效率、准确性和连续性。该装置利用率高，可以通过液体高度控制系统在水槽中注入不同的液体，满足一些特殊强化加工需求。

8.4　本章小结

本章主要介绍了几套利用激光诱导空化强化技术的强化装备及技术原理。鉴于激光诱导空化泡溃灭过程中所产生的冲击波和微射流都是可控的，可以通过调节激光的能量以及空泡所产生的位置，来调节两者的传播速度和冲击强度。这些装备都是利用这两者来进行表面复合冲击强化，强化效率和效果都优于单一的激光冲击强化和现有的喷丸强化。

参 考 文 献

[1] 王健. 水力装置空化空蚀数值计算与试验研究 [D]. 镇江: 江苏大学, 2015.

[2] 常近时. 工质为浑水时水泵与水轮机的空化与空蚀 [J]. 排灌机械工程学报, 2010, 28(2): 93-97.

[3] 赵相航, 解宏伟, 郭馨. 台阶式溢洪道水流空化特性及空化空蚀位置的确定 [J]. 水电能源科学, 2016, (9): 110-114.

[4] 郭天宇. 水轮机空化监测系统设计 [D]. 哈尔滨: 哈尔滨工程大学, 2006.

[5] 李刚, 侯为林, 王浩, 等. 基于 CFD 的高水头水泵水轮机空化性能研究 [J]. 电网与清洁能源, 2017(4): 131-136.

[6] 尤建锋. 水泵水轮机空化特性及过渡过程数值模拟研究 [D]. 武汉: 武汉大学, 2017.

[7] 任旭东, 吴坤, 袁寿其, 等. 激光空化强化高性能水泵材料的装置和方法 [P]. 江苏: CN104759758A, 2015-07-08.

[8] 任旭东, 何浩, 袁寿其, 等. 一种提升水泵叶轮抗汽蚀损性能的装置及方法 [P]. 江苏: CN106337110A, 2017-01-18.

[9] 任旭东, 左成亚, 袁寿其等. 一种利用激光空化提高水泵叶轮强度的装置及方法 [P]. 江苏: CN105081576A, 2015-11-25.

[10] 任旭东, 左成亚, 袁寿其, 等. 多系统自动化协调工作的激光诱导空化强化的装置及方法 [P]. 江苏: CN104759753A, 2015-07-08.

[11] 任旭东, 何浩, 袁寿其, 等. 一种实现激光高空化强化效率的装置和方法 [P]. 江苏: CN104741792A, 2015-07-01.

索　引